Béh Ibrahim Diomandé

Changement climatique en Côte d'Ivoire et ses impacts multiformes

AF191666

Béh Ibrahim Diomandé

Changement climatique en Côte d'Ivoire et ses impacts multiformes

Evolution climatique récente dans le Nord-ouest ivoirien et ses impacts sur l'environnement, la société et les économies

Presses Académiques Francophones

Publisher:
Presses Académiques Francophones
is a trademark of
International Book Market Service Ltd., member of OmniScriptum Publishing Group
17 Meldrum Street, Beau Bassin 71504, Mauritius

Printed at: see last page
ISBN: 978-3-8416-3394-1

Zugl. / Agréé par: Dakar, Université Cheikh Anta Diop, 2011

DEDICACES

Je dédie ce travail à :

➢ Mon père qui, ma main dans la sienne, m'a accompagné pour la première fois à l'école de mon village et qui, par la suite, m'a quitté très tôt : c'était le 26 septembre 1986 au petit matin.

➢ Ma grand-mère Diomandé Madiana, mon oncle Diomandé Siaka, mes grand-frères aînés Diomandé Mory et Moussa, ma tante Soumahoro Karidja qui ont bien voulu faire de moi, un modèle de réussite par l'école à travers leur soutien moral et leur modeste contribution.

➢ Tous les miens rappelés à Dieu. Que la Terre leur soit légère !

A ma mère,

A Mamadou, mon frère aîné,

A mes sœurs Naténin et Salimata,

A mon fils Aziz Yves Adam's

A mes frères Dosso Amara, Koné Sindou et Koné Lassana.

SOMMAIRE

SOMMAIRE II

CITATIONS : III

LISTE DES SIGLES ET ABREVIATIONS IV

AVANT-PROPOS VII

REMERCIEMENTS X

INTRODUCTION GENERALE 1

PREMIERE PARTIE : CADRE PHYSIQUE ET ASPECTS SOCIO-ECONOMIQUES DES REGIONS NORD-OUEST DE LA CÔTE D'IVOIRE 27

INTRODUCTION 28

    CHAPITRE I : CADRE PHYSIQUE DU DOMAINE D'ETUDE 33
    CHAPITRE II : ASPECTS HUMAINS DU DOMAINE D'ETUDE 62
    CHAPITRE III : ACTIVITES ECONOMIQUES DANS LE DOMAINE D'ETUDE 69

CONCLUSION 83

DEUXIEME PARTIE : EVOLUTION CLIMATIQUE DES REGIONS NORD-OUEST DE LA CÔTE D'IVOIRE 84

INTRODUCTION 85

    CHAPITRE I : ANALYSE DES INDICATEURS DE LA PLUVIOMETRIE 86
    CHAPITRE II : ANALYSE DE L'EVOLUTION DE LA PLUVIOMETRIE 104
    CHAPITRE III : ANALYSE DE L'EVOLUTION DE LA TEMPERATURE 122
    ET DU BILAN CLIMATIQUE 122

CONCLUSION 137

TROISIEME PARTIE : ANALYSE DES IMPACTS ENVIRONNEMENTAUX ET SOCIO-ECONOMIQUES DE L'EVOLUTION CLIMATIQUE 138

INTRODUCTION 139

    CHAPITRE I : ANALYSE DES IMPACTS ENVIRONNEMENTAUX DE L'EVOLUTION CLIMATIQUE 140
    CHAPITRE II : ANALYSE DES IMPACTS SOCIO-ECONOMIQUES DE L'EVOLUTION CLIMATIQUE 150
    CHAPITRE III : ANALYSE DES STRATEGIES D'ADAPTATION A L'EVOLUTION CLIMATIQUE 163

CONCLUSION 171

CONCLUSION GENERALE 172

REFERENCES BIBLIOGRAPHIQUES 176

ANNEXES 182

LISTE DES FIGURES 203

LISTE DES PHOTOS 205

LISTE DES TABLEAUX 205

TABLE DES MATIERES 206

CITATIONS :

« Au cours des trois dernières décennies, la pluviométrie est en baisse d'une manière générale en Afrique de l'Ouest et particulièrement en Côte d'Ivoire. Cette baisse ainsi que l'élévation du déficit hydrique sont dues à l'action conjuguée de l'homme et de la nature. »

YAO *et al* **(1995)**[1]

« Le rythme des pluies marque la vie agricole dans le Nord de la Côte d'Ivoire et impose une alternance de périodes de moindre travail (…). La réduction des pluies qui affecte, à des degrés divers, l'ensemble du territoire ivoirien, est plus sensible dans les régions septentrionales où les totaux sont en moyenne moins élevés».

Jean-Louis CHALEARD (1996)[2]

---

[1] : YAO N. R., ORSOT-DESS D., KOFFI B. et FONDIO L. : Déclin de la pluviosité en Côte d'Ivoire : impact éventuel sur la production du palmier à huile, Sécheresse, 1995, **6**, 265-271.

[2] : Chaléard J.L. : Temps des vivres, Temps des villes, « l'essor du vivrier marchand en Côte d'Ivoire », Karthala, Paris, 1996, 634p.

LISTE DES SIGLES ET ABREVIATIONS

AIE : Agence Internationale de l'Energie

ANADER : Agence Nationale d'Appui au Développement Rural

ASECNA : Agence pour la Sécurité de la Navigation Aérienne en Afrique et à Madagascar

BCEAO : Banque Centrale des Etats de l'Afrique de l'Ouest

BPIT : Basses Pressions Intertropicales

C.I. : Côte d'Ivoire

CARB : California Air Resources Board

CCD : Convention Contre la Désertification

CESAG : Centre Africain d'Etudes Supérieures en Gestion

CFC : Chlorofluorocarbures

CIEH : Comité Interafricain d'Etudes Hydrauliques

CILSS : Comité Inter-Etats de Lutte contre la Sécheresse dans le Sahel

CNO : Centre National d'Ovins

CNRA : Centre National de Recherche Agronomique

CNRS : Centre National de Recherche Scientifique

CNTIG : Comité National de Télédétection et d'Information Géographique

CNUE : Conférence des Nations Unies sur l'Environnement

CNUED : Conférence des Nations Unies sur le Droit de l'Environnement

CNUEH : Conférence des Nations Unies sur l'Environnement Humain

CNULD : Convention des Nations-Unies sur la Lutte contre la Désertification

CURAT : Centre Universitaire de Recherche et d'Application de Télédétection

CSE : Centre de Suivi Ecologique

C.V. : Coefficient de Variation

DCGTX : Direction et Contrôle des Grands Travaux

DEA : Diplôme d'Etudes Approfondies

DGE-CI: Direction Générale de l'Environnement de Côte d'Ivoire

ECOSSEN : Echographie du Sahel Sénégalais

EDF: Electricité De France

EISM: Ecole Inter-Etats des Sciences et Médecines Vétérinaires

ENR: Energie Nouvelle et Renouvelable

EM: Equateur Météorologique

ETHOS: Etudes sur l'Homme et la Société

ETM : Evapotranspiration Maximale

ETP : Evapotranspiration Potentielle

ETR: Evapotranspiration Réelle

FAO : Fonds des Nations Unies pour l'Alimentation

FIT: Front Intertropical

G.8 : Groupe des 8 pays les plus industrialisés de la planète

GES : Gaz à Effet de Serre

GIEC : Groupe d'Experts Intergouvernemental sur l'Evolution du Climat

GIRE : Gestion Intégrée des Ressources en Eau

HAP : Hydrocarbures Aromatiques Polycycliques

HCFC : Hydro Chlorofluorocarbures

HPT : Hautes Pressions Tropicales

HQE : Haute Qualité Environnementale

HVB : Huile Végétale Brute

IFAN: Institut Fondamental d'Afrique Noire

IGT : Institut de Géographie Tropicale

INHP : Institut National d'Hygiène Publique

IRD : Institut de Recherche pour le Développement

IS : Indice de Sécheresse

IVOIRE COTON : Compagnie de Coton de Côte d'Ivoire

JEAN : Jet d'Est Africain Nord

JEAS : Jet d'Est Africain Sud

JET : Jet d'Est Tropical

KWh : Kilowattheure

LCE : Laboratoire de Climatologie et d'Environnement

LERG : Laboratoire d'Enseignement et de Recherche en Géomatique

Les 27 de l'Europe : Les 27 pays de l'Union européenne

MAO: Mousson Africaine de l'Ouest

MARP: Méthode Active de Recherche Participative

MEEF : Ministère de l'Environnement et des Eaux et Forêts

MINAGRA : Ministère de l'Agriculture et des Ressources Animales

MOTORAGRI: Société de Motorisation de l'Agriculture

MTEP: Millions de Tonnes d'Energies Produites

MW : MégaWatt

OBSERVER' : Observatoire européen des énergies renouvelables

OGM : Organisme Génétiquement Modifié

OMM : Organisation Mondiale de la Météorologie

ONG : Organisation Non Gouvernementale

ORSTOM : Office de la Recherche Scientifique et Technique dans les Territoires d'Outre-Mer

PAC: Politique Agricole Commune

PACD : Plan d'Action pour Combattre la Désertification

PED : Pays En Développement

PIB: Produit Intérieur Brut

PME: Petite et Moyenne Entreprise

PMI: Petite et Moyenne Industrie

PNUE : Programme des Nations Unies pour l'Environnement

PNUD: Programme des Nations-Unies pour le Développement

PPM: Partie Par Million

SIEM: Structure Inclinée de L'Equateur Météorologique

SIG: Système d'Informations Géographiques

SIR: Société Ivoirienne de Raffinage

SODECI: Société de Distribution d'Eau de Côte d'Ivoire

SODEFOR: Société de Développement des Forêts

SODEMI : Société de Développement des Mines

SODIAMCI : Société de Diamant de Côte d'Ivoire

SODEXAM: Société pour le Développement et l'Exploitation Aéroportuaire, Aéronautique et Maritime

SOTRA: Société de Transport Abidjanais

SUCRIVOIRE : Société Sucrière de Côte d'Ivoire

SVEM: Structure Verticale de l'Equateur Météorologique

UCAD : Université Cheikh Anta Diop

UE : Union Européenne

UNCOD: Conférence des Nations Unies sur la Désertification

UNSO: Office des Nations Unies pour le Sahel

USA: United States of America

Wc: Watt-crète

ZIC: Zone Intertropicale de Convergence

AVANT-PROPOS

Notre choix pour la Climatologie nous est apparu comme relevant d'un déterminisme avéré. En effet, depuis la tendre enfance, la tombée d'une pluie quelconque ne nous restait pas indifférents. Avec les enfants de notre âge, nous parcourions tout le village sous la pluie, nus et enthousiastes, comme pour remercier le Bon Dieu d'avoir "fait tomber" la pluie. Cette joie manifeste traduisait le sentiment de satisfaction et de bonne espérance des parents agriculteurs pour la fin de la campagne agricole.

La biodiversité dans son ensemble, et plus particulièrement dans le monde rural, a toujours constitué pour nous un environnement de grand intérêt et de grande curiosité. Les différentes composantes de ce milieu s'influencent entre elles comme les différentes parties d'une machine qui fonctionnent harmonieusement. La protection de ce monde particulier a très tôt été pour nous, une question intéressante. Dès lors, à bas âge déjà, nous nous hissions, sans le savoir, parmi les amis de la Nature. Les nombreuses vacances scolaires, auprès des parents au champ, nous ont très vite situés sur l'importance de la pluie pour l'agriculteur ainsi que ses interactions avec la nature. Aussi, les séquelles de la sécheresse attristent-elles les communautés paysannes. D'une manière inconsciente, le climat est apparu pour nous, comme un élément fondamental qui régit la vie paysanne.

Le climat, c'est d'abord et avant tout le vécu. C'est à juste titre que Pierre Pédelaborde (1991) le définit comme « Le film du temps »[3]. Une trentaine d'années de vécu climatique dans notre zone est sans doute un atout important pour notre étude. En effet, la climatologie est justement l'une des rares disciplines où le paysan, même illettré, peut avoir raison dans son analyse sur les conclusions de l'expert qui n'a pas suffisamment pratiqué la région. C'est dire que la climatologie est moins une science de théories que de pratique et du vécu quotidien. Notre curiosité a toujours été de savoir comment la pluie se forme. Pourquoi ne tombe-t-elle pas toujours au moment où on l'attend ? Pourquoi intervient-elle quand elle n'est pas la bienvenue (au cours des fêtes ou autres cérémonies de réjouissances,...)? Pourquoi nos récoltes sont-elles liées à elle? Tout ce questionnement a toujours suscité en nous le goût et la passion pour la science du climat.

C'est dans cette optique qu'en année de Maîtrise, nos travaux de recherches ont consisté en la mise en relation de facteurs climatiques et des productions agricoles vivrières

---

[3] : Dictionnaire de Géographie de Gabriel Wackermann, édition Ellipses, Paris, 2005, page 76.

dans le Degré-carré de Bouaké entre 1998 et 2000. L'analyse était essentiellement statistique, utilisant des matrices de corrélation, des régressions pas à pas, entre deux variables majeurs : d'une part, les facteurs du climat (pluie, évapotranspiration, température maximale, température minimale, hygrométrie, insolation) et, d'autre part, des productions agricoles vivrières (igname, manioc, maïs) les plus représentatives dans la région. Les résultats de ce travail nous ont indiqué qu'il existe une forte corrélation entre les conditions climatiques et les productions agricoles dans un milieu donné.

La réflexion s'est poursuivie en DEA à travers l'évolution climatique dans le Nord de la Côte d'Ivoire que nous avons analysée, par diverses méthodes statistiques (les écarts à la moyenne pluviométrique, les moyennes mobiles des écarts normalisés et l'indice de sécheresse). Les résultats de ces différentes analyses nous ont permis de constater que la variabilité du climat entre 1951 et 2000 est une réalité qui se traduit par une baisse de la pluviométrie au fil des années.

La nécessité de pousser cette réflexion nous a conduits à la présente étude. En effet, face au phénomène de la variabilité climatique et de la sécheresse aux conséquences drastiques dans certaines contrées du monde, nos inquiétudes augmentent. En Côte d'Ivoire, le phénomène sévit même s'il est actuellement de moindre ampleur. Nous souhaitons, par le présent travail de thèse, y apporter notre modeste contribution analytique. Puisse-t-elle être acceptée comme un éclairage complémentaire sur ce fléau qui menace la survie des populations.

Le choix porté sur les régions nord-ouest savanicoles constitue pour nous, une manière d'insister ou de rappeler aux populations et aux décideurs du pays que dans ces aires géographiques, une attention particulière devrait être portée sur la protection de l'environnement en général et de la biodiversité en particulier. En effet, l'on y brûle chaque année, des milliers de kilogrammes de biomasse. Il s'en suit alors une dégradation progressive de l'environnement physique. A l'origine de ce malaise environnemental, on cite la société de consommation.

La question est de savoir à présent comment parvenir à cette « efficience écologique » en harmonie avec la qualité de la vie? A notre avis, il convient de se conformer à cette devise de l'OCDE, dans son rapport de 1997 qui demande tout simplement de « **Faire plus à partir**

de moins »[4]. Cela veut dire, en d'autres termes, que nous devons cultiver l'esprit d'écodéveloppement qui consiste à satisfaire nos besoins et penser à ceux des générations futures mais en harmonie avec l'équilibre environnemental. Cette entreprise demande une utilisation rationnelle des ressources naturelles.

---

[4] : Rapport du Programme des Nations –Unis pour l'Environnement, édition 1997.

REMERCIEMENTS

Pour la réalisation de ce travail, nous tenons à remercier vivement le Professeur **Pascal SAGNA**. Il aura marqué notre vie toute entière de son empreinte indélébile. Du DEA à la thèse, il est resté notre fil conducteur et notre éclaireur. Voilà pourquoi, nous nous portons volontiers son disciple. Nous croyons avoir assimilé sa culture du travail bien fait. Pour toutes ces raisons, Il est pour nous, mieux qu'un Directeur de Recherche, mais un MAITRE. Nous veillerons à la sauvegarde et l'entretien de ce rapport si rigide au plan humain et scientifique. Nous vous adressons un grand MERCI, Professeur.

Nous remercions infiniment les autorités de la Faculté des Lettres et Sciences Humaines et de l'école doctorale « **ETHOS**[5] » de l'Université Cheikh Anta Diop de Dakar (UCAD).pour avoir permis notre inscription au Doctorat unique. Il s'agit notamment du Professeur **Saliou N'DIAYE**, ancien Doyen de la Faculté des Lettres et Sciences Humaines et actuel Recteur de l'UCAD. Sans lui, ce travail n'aurait pas abouti compte tenu des nombreux problèmes qui ont jalonné nos études à Dakar. Le Professeur est pour nous un père spirituel. Nous tenons à remercier infiniment le Professeur **Ramatoulaye Diagne M'BENGUE**, et le Professeur **Moustapha TAMBA,** respectivement Directrice de L'ETHOS et Responsable de la formation : *Culture, Espace et Société* de la dite école. Nous n'oublions pas les différents chefs de Département tels que le Docteur **Diène DIONE** et les Professeurs **Mame Demba THIAM** et **Amadou Abdoul SOW.**

Au plan scientifique, la formation que nous avons reçue de nos professeurs fera certainement de nous, ce Géographe attentif et éternel pèlerin du savoir. Des conseils très judicieux du Professeur **Alioune KANE** nous ont donné de belles orientations d'ordre scientifique. Il a pleinement assuré la tâche qui était la sienne ; celle du Professeur **Alphonse Yapi DIAHOU**, son ami de tous les temps. Nous remercions aussi infiniment ce dernier.

Nous ne saurions achever cette liste sans nous incliner devant nos différents Professeurs et Directeurs de recherche de ce projet. D'abord, nous avons énormément bénéficié de la formation à distance du Professeur **Télesphore Yao BROU**, Directeur du

---

[5] . Etudes sur l'homme et la société. Cette école doctorale a été créée avec l'avènement de la reforme LMD à l'Université cheikh Anta Diop en octobre 2008.

Laboratoire d'analyse des phénomènes géographiques[6] à l'Université d'Artois à Arras en France. Il a fallu l'expertise et le savoir-faire scientifique du Professeur **Jean Patrice Roger JOURDA,** Directeur du Laboratoire de Télédétection et d'Analyse Spatiale Appliquée à l'Hydrogéologie au **CURAT**[7] de l'Université de Cocody-Abidjan. Nous avons tiré grand profit de ses orientations d'ordre scientifique. Nous adressons des sincères remerciements aux Docteurs **Touré Augustin TIEYEGBO, Nambégué SORO** et **KOUAME Kan.** Nous avons également bénéficié de leur appui scientifique et pédagogique.

Sans la collaboration et le soutien indéfectible de certains organismes et institutions, le présent projet serait sans doute voué à l'échec. Le soutien était d'ordre social et scientifique. La subvention du **CODESRIA**[8] nous a été d'un apport très important. Nous sommes restés pendant longtemps, un étudiant étranger en thèse de doctorat sans bourse et sans apport financier des parents.

Au plan scientifique, le service de la Prévision Météorologique de l'**ASECNA**[9] de Dakar-Yoff, la **SODEXAM**[10] à l'aéroport d'Abidjan, le **LERG**[11] et la **SODEFOR**[12] méritent nos sincères remerciements. Ces différentes structures nous ont accordé des stages. Nous en profitons pour remercier les agents de ces structures qui nous ont fait l'amitié et la franche collaboration de travail.

C'est également l'occasion pour nous de remercier le **Ministères de l'Agriculture** et celui de **l'Environnement et des Eaux et Forêts** de Côte d'Ivoire. Le **LATIG** est le Laboratoire de Traitement de l'Information Géographique au sein de l'Institut de Géographie Tropicale à l'Université d'Abidjan. Le **CNTIG** est le Comité National de Télédétection et d'Information Géographique situé à Abidjan-Cocody Danga. Nos sincères remerciements sont adressés aux membres de ces deux laboratoires qui ont réalisé nos différentes cartes.

---

[6] : Le Laboratoire EA 2468 DRT-Dynamique des Réseaux et des Territoires de l'Université d'Artois à Arras (France).
[7] : Centre Universitaire de Recherche et d'Application de Télédétection.
[8] . Conseil pour le Développement de la Recherche en Sciences Sociales en Afrique.
[9] . Agence pour la Sécurité de la Navigation Aérienne en Afrique et à Madagascar sise à l'aéroport Léopold Sédar Senghor de Dakar.
[10] . Société pour le Développement et l'Exploitation Aéroportuaire, Aéronautique et Maritime sise à l'aéroport Félix Houphouët Boigny d'Abidjan. C'est l'agence de la météorologie nationale de Côte d'Ivoire.
[11] . Laboratoire d'Enseignement et de Recherche en Géomatique intégré à l'institut polytechnique Cheikh Anta Diop de Dakar .
[12] . Société de Développement des Forêts créé en 1975 en Côte d'Ivoire.

Le Centre de Suivi écologique (**CSE**) à Dakar, à travers le Docteur **Jacques André DIONE**, nous a beaucoup aidés dans l'analyse des ruptures dans les chroniques. Infinis remerciements au Docteur qui n'a ménagé aucun effort pour nous offrir sa disponibilité et son savoir-faire.

Le Centre National de Recherche Agronomique (**CNRA**) apparaît de loin comme la plus ancienne structure ayant contribué activement à notre encadrement. En effet, depuis les recherches pour le mémoire de Maîtrise, nous avons bénéficié des orientations scientifiques, des informations et des données utiles à l'élaboration de nos travaux. Nous remercions à cet effet Messieurs **Lassina FONDIO**, Docteur de recherche à la station d'Anguédédou (Abidjan) et **Sékou Aïdara**, Ingénieur de recherche à la station **CNRA** de Divo.

L'apport scientifique de toute l'équipe du Laboratoire de Climatologie et d'Environnement (**LCE**) nous a réellement permis d'avoir une option sérieuse sur ce sujet. Ce travail est bien le sien et plus que jamais, nous ne saurions rompre le lien avec ce laboratoire. Nous ne saurions oublier l'ensemble de nos camarades notamment **Cheikh DIOP**, délégué du laboratoire. Il a pris une part active à l'amélioration de ce travail au niveau informatique.

Nombreux sont les parents et amis qui, très tôt nous ont renouvelé leur inconditionnel et indéfectible soutien moral et même matériel. En bons " pères", ils ont toujours su trouver les mots justes pour agir sur notre moral et nous pousser sur la route de Dakar. Ce sont Monsieur **Amara DOSSO**, Directeur Régional de la SODEFOR de Gagnoa, Monsieur **Sindou KONE**, Inspecteur d'éducation spécialisée auprès du Ministère de la Justice et des Libertés Publiques de Côte d'Ivoire et le maréchal des logis (MDL) **Lassana KONE**, à la Gendarmerie Nationale de Côte d'Ivoire. Nous remercions également messieurs **Mory DIARRASSOUBA** et **Chalouo COULIBALY** (agents à la BCEAO à Dakar), des étudiants **Yacouba KONE**, **Aboubakari TRAORE**, **Cheikna DIAW** et **Bakari KONE**. Ils nous ont énormément aidés dans la vie de Dakar en nous servant de tuteurs.

Enfin, ils ont été nombreux à nous réserver un accueil chaleureux sans précédent lors de notre enquête de terrain dans leur village et ville respectifs. Il s'agit des familles **SOUMAHORO** et **DIOMANDE** à Ourossaniso (Touba) et Diarabana (Séguéla), la famille **DIOMANDE** Namory à Odienné, la famille **SANGARE** à *Madinani*, la grande famille **DIARRASSOUBA** à Kolia et sans oublier monsieur **Issa KONE** et son épouse à Tengréla. Permettez-moi de signer avec vous de profonds liens familiaux. «On est ensemble » !

INTRODUCTION GENERALE

1- Le contexte de l'étude

Un constat d'ensemble s'impose au niveau des sciences de la nature et de l'homme : «*Il n'y a pas de réalité finie*» (**Diaw A.T.**, 1997). Le climat change. Il est dans une dynamique de perpétuelles variations et d'évolution. A cause de l'effet de serre, le phénomène s'est étendu à l'échelle planétaire.

Les changements sont dus en partie à une modification de la composition de l'atmosphère avec l'augmentation de la concentration en gaz à effet de serre depuis l'ère industrielle (1750). Ainsi, la responsabilité de l'homme dans ce réchauffement planétaire reste-t-il prépondérante. Il est donc question du réchauffement additionnel du climat.

La prise de conscience des spécialistes sur la question de l'évolution du climat n'est pas récente. Nombreux sont les auteurs, hommes de médias, experts, chercheurs à travers les écrits, les colloques, les débats, les interviews, ... à s'être prononcés sur l'environnement et sur les dangers qu'il court. Des réflexions, pertinentes et croisées, ont parfois été menées sur la question. C'est ainsi que sous les tropiques, où l'anthropisation marque de nos jours une véritable empreinte sur l'environnement, les thèmes de recherches tournent pour la plupart autour des notions suivantes: "*aridification[13] des climats*", "*stress hydrique*", "*sécheresse[14]*", "*désertification[15]*", "*savanisation des espaces forestiers*",...mais aussi "*inondations*", "*pluies diluviennes*" etc. A titre d'exemple, nous avons les travaux de **Le Borgne J.** en 1990 sur «*La dégradation actuelle du climat en Afrique entre le Sahara et l'Equateur*», **Da Costa H.** en 1992 sur «*Genèse et méthode d'analyse des précipitations au Sahel*», **Leroux M.** en 1995 sur «*La dynamique de la grande sécheresse sahélienne*», **Sagna P.** en 1995 sur «*L'évolution pluviométrique récente de la grande côte du Sénégal et de l'archipel du Cap Vert*» (Revue de Géographie de Lyon), en 1996 sur «*Situation pluviométrique au Sahel sénégalais*» (Rapport technique à deux ans du projet ECOSSEN) et enfin du même auteur en 1997, sur le thème «*Evolution de la pluviométrie du Sahel sénégalais*» (Rapport technique à trois ans du projet ECOSSEN , Dakar, IFAN), etc.

---

[13] . Processus climatique actuel qui concerne la nature et la répartition largement zonale des masses d'air à la surface du globe.
[14] . Une situation météorologique plus ou moins brève ou prolongée à l'intérieur d'une zone climatique déterminée.
[15] . Distribution des êtres vivants et leur écologie ; l'appauvrissement et, à la limite, la disparition du couvert végétal (et corrélativement de la faune associée). Il serait d'ailleurs erroné de croire que le désert ne peut apparaître que dans les zones arides telle que sahélienne ; il existe des déserts montagnards ou humides (Kamto, «droit de l'environnement en Afrique», 1996, p.220).

En Côte d'Ivoire, plusieurs études se sont intéressées au climat local. En exemple, nous avons **Quincey** en 1987 sur « *Etat de manque en eau des couverts végétaux dans le Sud forestier de la Côte d'Ivoire* ». **A. Aka, B. Kouamé, J.E. Paturel, E. Servat** (ORSTOM), **H. Lubes** (ORSTOM), **J.M. Masson** (URA-CNRS) (1988) ont mené une étude statistique sur *l'évolution des écoulements en Côte d'Ivoire*. Il convient également de noter les travaux de **Brou Yao T**. en 1997, 2000, 2005...sur divers thèmes en rapport avec la dynamique pluviométrique et son impact sur l'environnement en Côte d'Ivoire. Ces différents travaux sont parvenus à la conclusion selon laquelle le réchauffement climatique n'est pas une condamnation de la nature. Il est la conséquence de l'augmentation des gaz à effet de serre (GES) due aux actions de l'homme sur l'environnement. Par exemple, entre 1970 et 2004, ces émissions ont globalement augmenté de 70 % (GIEC[16], 2007). C'est pourquoi, dans le rapport du 2 février 2007, les membres du GIEC ont, de commun accord, évalué à plus de 90%, la probabilité d'une responsabilité de l'homme dans le réchauffement climatique.

Le bilan de trois décennies de la Communauté Internationale en faveur du développement durable reste beaucoup mitigé. Que de timides avancées ! Par exemple, dans nos régions entre les Tropiques, notamment en Afrique de l'Ouest, la modification du climat se traduit par la hausse des températures et une baisse de plus en plus significative des précipitations. Cela entraîne une dégradation de l'environnement accompagnée d'un stress hydrique parfois marqué. «Les quantités d'eau disponibles par habitant par an ne cessent de décroître. Exemple : de 3300 m^3/ habitant en 1960, elles tombent à 1250 m^3/ habitant en 1996 et devraient atteindre les 725 m^3/ habitant par an d'ici 2025» (PNUE, 1996). Le dessèchement perturbe l'équilibre écologique et la sécurité alimentaire de ces pays qui ont une agriculture essentiellement sous pluie et des capacités de développement très précaires. Par conséquent, il menace la stabilité et la viabilité de l'environnement.

Sur le terrain ivoirien, les effets du réchauffement climatique sont aussi nettement perceptibles. Dans la zone forestière du Sud, les températures sont de plus en plus élevées (Brou Yao T., 1997). L'harmattan, qui y était moins connu, fait désormais une forte incursion dans cette zone. La saisonnalité se fait distinguer dans les rythmes pluviométriques. La forêt recule et fait place à une savanisation de plus en plus poussée. Des chiffres en parlent aisément. Dans les années 1960, la superficie de la forêt primaire était estimée à 15,6 millions

---

[16] : Il est mis en place en 1988 à la demande du G7, l'OMM et le PNUE. Son rôle est d'expertiser l'information scientifique, technique et socio-économique qui concerne le risque de changement climatique provoqué par l'homme.

d'hectares. En 1981, elle n'est plus que de 3,2 millions d'hectares (Dory, 1987). La disparition de la forêt ivoirienne ne fait donc plus de doute. De surcroît, entre les localités de Gagnoa et Issia, dans le Centre-Ouest du pays, on note une apparition de graminées dans cette région jadis forestière.

Certes, la prise de conscience mondiale pour un véritable développement durable est réelle, mais les résultats sont encore très insuffisants au regard de l'immensité du travail qui reste à accomplir pour la survie de la planète qui est prise en otage de nos modes de production et de consommation. C'est une planète de moins en moins viable, selon Konrad-Adenauer.

2- La problématique de l'étude

Les régions nord-ouest de la Côte d'Ivoire ont un climat de type soudanien. Les saisons sèches y deviennent plus longues. On note des inondations par moment dans certaines contrées du domaine d'étude. C'est le cas en 2003, 2004 et 2008 dans la région administrative du Bafing (Autorités administratives, 2007). Cette situation pluviométrique parfois confuse pose le problème du bouleversement des calendriers agricoles chez les paysans. Elle entraîne la baisse des productions agricoles.

On assiste également à une dégradation avancée de la couverture végétale due à l'évolution climatique et renforcée par les activités humaines. Les pratiques agricoles sont certes émettrices de gaz à effet de serre, mais elles nourrissent plus de 90% des familles dans cette Région du pays (FAO, 2002). L'élevage, quant à lui, devient une activité presque saisonnière à cause de la raréfaction, de plus en plus forte, d'eau et d'herbe après l'hivernage. Les feux de brousse et la culture sur brûlis sont autant de pratiques qui contribuent fortement à la dégradation de la biodiversité dans ces régions. Pire, le manque d'eau douce et potable devient une préoccupation quotidienne pendant la saison sèche dans les régions les plus septentrionales du domaine d'étude. Plusieurs maladies (paludisme, asthme, allergies, etc.) y connaissent une recrudescence de nos jours.

La question de l'évolution récente du climat se pose donc dans les régions nord-ouest de la Côte d'Ivoire avec beaucoup d'intérêt. Avec elle, la problématique de la gestion des ressources naturelles en harmonie avec les activités économiques devient un enjeu majeur pour les populations. Des réflexions sur, d'une part, la variabilité interannuelle et interdécennale de la pluviométrie et de la température, composants essentiels du climat, et d'autre part, sur les incidences de leur modification sur l'agriculture et les ressources naturelles deviennent une nécessité. Ces réflexions peuvent contribuer à la proposition de stratégies d'adaptation aux projets de développement dans cette zone.

3- La justification de l'étude

La variabilité climatique semble présenter un caractère fortement hétérogène dans l'espace et dans le temps (**Paturel et al**, 1998 ; **Servat et al**, 1999). Dans ces conditions, les études globales portant sur un nombre limité de postes d'observations dans des séries chronologiques courtes peuvent gommer les particularités régionales qui sont pourtant importantes dans la stratégie de lutte contre les effets de la sécheresse. Notre étude, en tant que monographie sur le climat des régions nord-ouest de la Côte d'Ivoire, se veut une contribution au diagnostic des phénomènes climatiques.

Le phénomène de l'évolution climatique, qui peut entraîner la sécheresse et l'aridité n'est pas aussi récent et les mesures de lutte ont parfois été tardives par rapport à l'implantation du phénomène, notamment au Sahara et dans une moindre mesure au Sahel. Les études qui y sont souvent consacrées proposent des solutions. Mais trouver des solutions adéquates à un vieux phénomène déjà implanté devient un défi parfois difficile à relever. C'est pourquoi, la présente étude, par rapport à celles déjà effectuées sur le thème, apparaît comme une **échographie** à l'échelle du domaine et par ricochet à l'ensemble de la Côte d'Ivoire.

Par ailleurs, cette étude établit les relations entre l'évolution climatique, phénomène physique, et les conséquences environnementales. Les écosystèmes de savanes de Côte d'Ivoire étant fortement sollicités du point de vue des usages, l'analyse permettra l'élaboration de théories facilitant la compréhension des contraintes **nature-société**. Dans ce cadre, un ensemble de théories visant une gestion efficiente des ressources et des écosystèmes à court terme sera élaboré afin de parvenir à un développement durable dans le long terme. L'objectif reste de parvenir à un écodéveloppement au détriment d'un mal développement jusque-là constaté dans nos régions.

4- L'analyse conceptuelle

Certaines notions de notre sujet méritent d'être élucidées et situées dans leur contexte pour une meilleure compréhension du travail à réaliser. Il s'agit notamment de: « *régions nord-ouest de la Côte d'Ivoire* », « *évolution climatique récente* », « *impacts environnementaux et socio-économiques* ».

4.1- Les régions nord-ouest de la Côte d'Ivoire :

Elles sont un ensemble d'entités géographiques dans la partie nord-ouest de ce pays. On les situe globalement entre les 8 et 10°50' N. Ces régions sont soumises à l'influence d'un même type de climat: un climat soudanien fortement influencé par l'orographie des montagnes (Dorsale guinéenne). Elles sont recouvertes par une végétation de savanes. Ces savanes sont hiérarchisées selon un ordre climatique. Du Sud au Nord, elles se dégradent sensiblement. On part ainsi d'une savane préforestière au Sud à une savane boisée au Nord. L'exubérance et la richesse de cette savane offrent d'énormes potentialités agricoles et pastorales à ces régions. Notre domaine d'étude englobe le Nord-Ouest administratif (la région administrative du Denguélé), mais il ne s'y réduit pas. Nous utiliserons par moment le terme générique « **R**égion » pour désigner l'ensemble du domaine d'étude.

4.2- L'évolution climatique récente

Elle a le sens de variabilité et non de variation (changement) climatique. La variabilité s'effectue à l'échelle de la vie humaine (Brou Yao T., 1997). Elle correspond aux simples modifications permanentes du film du temps, produites par les transformations incessantes de la situation météorologique. La variabilité s'explique par le jeu interactif des composantes du système climatique (atmosphère, océan, continent, glace). *L'évolution climatique* correspond à la *transformation progressive ou péjorative* de ces composantes (Encarta, 2009).

L'évolution climatique joue un rôle essentiel dans la vie des écosystèmes naturels et des sociétés humaines et animales. Le temps d'étude choisi ici concerne la période allant de 1951 à 2008. D'où le qualificatif temporel de "**récente**" y est associé.

4.3- Les impacts environnementaux et socio-économiques

Dans son étymologie, le mot **impact** signifie « heurt » selon le Grand Robert, dictionnaire de la langue française (1992). Mais ici, « **impact** » peut se définir comme l'**effet**, pendant un temps donné et sur un espace défini, d'une activité humaine sur une composante de l'environnement pris dans son sens large.

L'environnement, au sens strict du terme désigne les écosystèmes naturels indépendants des êtres humains et entourant un organisme vivant, un animal ou une plante. On se situe dans ce cas au niveau de la science de la nature. Mais « *environnement* », associé au volet « *social et économique* », dans son contexte, retrouve toute la plénitude de sa signification ; c'est-à-dire, le sens large de l'environnement. Ainsi, désigne-t-il un système organisé, dynamique et évolutif de facteurs naturels et humains où les organismes vivants opèrent et où les activités humaines ont lieu, et qui ont de façon directe ou indirecte, immédiatement ou à long terme, un effet ou une influence sur ces êtres vivants ou sur les activités humaines à un moment donné et dans une aire géographique définie (Vaillancourt, 1995).

Par *impacts environnementaux et socio-économiques*, on entend donc les aspects suivants : les effets du phénomène sur les ressources hydrologiques, les sols, les écosystèmes (flore et faune incluses) et l'atmosphère, l'utilisation de ces ressources naturelles, les effets sur la santé et le bien-être des populations, les activités économiques et les ménages (considérés comme éléments à protéger), les aspects connexes tels que la réinstallation des populations, le paysage ainsi que les incidences sociales (santé, pauvreté, migrations...) en amont, en aval et transfrontières de cette contrée de la Côte d'Ivoire.

5-Les objectifs et les hypothèses de l'étude

5.1-Les objectifs

Les objectifs comportent deux aspects : l'objectif principal et les objectifs spécifiques.

5.1.1- L'objectif principal

L'objectif principal de cette étude est de caractériser l'évolution du climat dans les régions nord-ouest de la Côte d'Ivoire de 1951 à 2008 et d'analyser ses impacts environnementaux et socio-économiques.

5.1.2-Les objectifs spécifiques

Un ensemble d'objectifs spécifiques permettra d'éclairer l'analyse. Il s'agit:

7

• de **caractériser** l'évolution climatique récente à travers la pluviométrie, la température et le bilan climatique (i_1) ;

• d'**analyser** les impacts de cette évolution et des stratégies d'adaptation pour un développement durable et harmonieux entre économie et environnement (i_2).

5.2- Les hypothèses de l'étude

Elles sont en fonction des objectifs spécifiques.

N° ordre	Objectifs spécifiques	Hypothèses correspondantes
(i_1)	Caractériser l'évolution de la pluviométrie, de la température et du bilan climatique dans le domaine d'étude.	Une baisse des hauteurs pluviométriques et du bilan climatique accompagnée d'une hausse des températures dans le temps caractérisent ces milieux.
(i_2)	Analyser les impacts de cette évolution et des stratégies d'adaptation à l'échelle du domaine d'étude.	Les modifications du climat entraînent une dégradation des milieux écologiques, une fragilité des économies et une vulnérabilité des populations dans ces régions, mais des stratégies à adapter au phénomène existent. Elles passent par une amélioration des acquis et un renforcement des capacités.

6- La méthodologie de recherche

La présente étude se propose de contribuer à l'approfondissement de la connaissance de la variabilité spatio-temporelle des hauteurs pluviométriques, des températures et du bilan climatique dans les régions nord-ouest de la Côte d'Ivoire. Les données de pluviométrie, de température et d'évapotranspiration (ETP) disponibles de 1951 à 2008 permettront d'identifier les manifestations de l'évolution pluviométrique, thermique et du bilan climatique et de caractériser la baisse des précipitations d'une part, et la hausse des températures d'autre part sur l'ensemble du domaine d'étude. La méthodologie de recherche intègre l'analyse documentaire, le cadre théorique, la collecte et le traitement des données.

6.1- L'analyse documentaire

Elle prend en compte les différents lieux fréquentés, les types de documents exploités et le bilan des connaissances par rapport à l'étude.

6.1.1- Les lieux fréquentés et les documents exploités

L'analyse documentaire a occasionné la fréquentation de divers lieux. Il s'agit globalement des bibliothèques des universités de Dakar et de Cocody-Abidjan, des centres de documentation du CODESRIA, de l'IFAN et de l'ASECNA à Dakar, du CNRA, de la SODEXAM, du Ministère de l'Agriculture et de celui de l'Environnement et des Eaux et Forêts à Abidjan. Des sites Internet ont été également consultés (cf. Bibliographie). Les documents exploités à ces différents endroits sont essentiellement des thèses de Doctorat, des mémoires de Maîtrise et de DEA, des livres, des articles de presse et des publications scientifiques.

6.1.2- Le bilan des connaissances par rapport à l'étude

Les documents disponibles par rapport à l'étude présentent un bilan positif par l'abondance des travaux, la qualité des moyens d'étude utilisés et les résultats déjà obtenus. Il existe une bibliographie bien fournie quant aux recherches menées sur le plan physique et les aspects socio-économiques du domaine d'étude.

Du point de vue climatique, il n'y a quasiment pas d'études spécifiques qui ont porté sur le domaine d'étude. Les régions nord-ouest de la Côte d'Ivoire intègrent cependant quelques études globalisantes sur les climats de la Côte d'Ivoire et de la sous-région ouest-africaine. Ces études sont généralement l'œuvre d'instituts de recherche comme l'IGT (Institut de Géographie Tropicale)[17], le CNRA et l'IRD (Institut de Recherche pour le Développement). Il y a aussi des chercheurs particuliers qui se sont intéressés à ces climats. Dans « *Le milieu naturel de Côte d'Ivoire* », **Eldin**, (1971) fait une description et une classification climatique de la Côte d'Ivoire selon les zones écologiques. Il s'agit d'une étude générale sur les climats ivoiriens où il décrit le climat des régions nord-ouest.

En 1975, c'est **Blanc-Pamard Ch.**, dans « *Un jeu écologique différentiel* » : *les communautés rurales du contact forêt-savane au fond du « v » baoulé,* qui s'intéresse dans sa

---

[17] .Actuel Département de Géographie de l'UFR SHS (Sciences Humaines et de la Société) de l'Université de Cocody à Abidjan-Côte d'Ivoire.

monographie à la différenciation climatique entre les régions de savanes et celles de la forêt de Côte d'Ivoire, et à son influence sur la vie socio-économique des populations du « v » baoulé. Il a pu ainsi distinguer le climat des régions nord-ouest dans ses caractéristiques singulières par rapport à l'ensemble des climats ivoiriens.

Les travaux de **B. Haudecoeur** en 1972 ont mis en relation l'hydroclimat côtier et le climat de l'interland ivoirien. Cette étude a d'abord consisté à analyser la température de la surface de la mer; puis les incidences de l'hydroclimat et de la pluviométrie dans l'intérieur du pays. Cette étude apportait une réponse satisfaisante aux problèmes des océanographes de prévoir les remontées froides favorables à la pêche et par contre coup aux prévisionnistes d'avoir, à l'échéance de deux mois, une idée de la tendance pluviométrique sur la côte. Cette étude globalisante, sur les climats des savanes, s'est intéressée au climat de notre domaine.

Dans l'ensemble, ces travaux s'intéressent peu au thème de « *modification climatique en Côte d'Ivoire* », encore moins à « *l'évolution climatique dans les régions nord-ouest du pays* » en tant qu'étude spécifique.

Les travaux de recherche sur le climat ivoirien dans le contexte de sa dynamique, sa modification et sa dégradation, à l'instar de ceux de **Brou Yao Télesphore** sont rares. En effet, **Brou Yao Télesphore** s'est beaucoup intéressé au climat de la Côte d'Ivoire dans sa globalité. Par exemple en 1997, dans sa thèse de doctorat de 3ème cycle, intitulée « *Analyse et dynamique de la pluviométrie en milieu forestier ivoirien : recherche de corrélations entre les variables climatiques et les variables liées aux activités anthropiques* »[18], il a pu mettre en évidence, le déplacement conjoint de la zone de production cacaoyère et des isohyètes au cours des décennies allant de 1950 à 1990 dans le Sud de la Côte d'Ivoire. Les variations de l'albédo et du gradient pluviométrique sont apparues comme liées aux modifications apportées au couvert forestier.

Dans son document de synthèse des activités scientifiques présenté le 30 novembre 2005 en vue de l'obtention de l'Habilitation à Diriger des Recherches (HDR) de thèses, le même auteur, **Brou Yao T.,** a mis en évidence les interactions complexes qui existent entre variabilité climatique, dynamique agroforestière et mutations socio-économiques en Côte d'Ivoire. Dans son analyse, l'auteur a d'abord décrit, selon une méthode statistique, la

---

[18] . Cette Thèse de Doctorat de 3ème cycle est lauréate du grand prix scientifique (niveau Thèse) en Sciences sociales de l'édition 1998 à l'Université de Cocody.

situation pluviométrique au cours des dernières décennies. Il en a conclu que celle-ci s'est dégradée durant cette période. Ensuite, il a mis en corrélation cette variabilité climatique et la modification du couvert végétal. De cette corrélation, il en a tiré les conséquences suivantes :

• une forte mobilité spatiale des populations rurales ;

• des signes très marquants d'humanisation de la forêt ivoirienne ;

• une augmentation des surfaces en forêts dégradées et en jachère.

Face à cette raréfaction des ressources forestières, le chercheur a fait de pertinentes recommandations allant dans le sens de la protection des derniers massifs forestiers en invitant à l'évaluation des risques de déforestation totale en Côte d'Ivoire.

En 1971, **Eldin** dans « *le milieu naturel de Côte d'Ivoire*» a décrit les différents faciès topographiques. Il a mené une description des éléments physiques tels que les sols, la végétation et l'hydrographie de notre domaine d'étude. Puis **Jean-Louis Chaléard** dans «*Approvisionnement des villes et mutations rurales en Afrique tropicale : cas du Nord-Ouest et du Sud-Ouest ivoiriens*» (1989), dans des analyses physiques sur le Nord-Ouest de la Côte d'Ivoire, a également fait une description des caractéristiques morphologiques, pédologiques, hydrographiques et biogéographiques du domaine d'étude. Il s'agit d'une description des différentes formes topographiques et des modelés. Les types de sols et de végétation ont également été décrits. Il a pu enfin distinguer les différents cours d'eau qui alimentent ce vaste domaine géographique.

La protection de l'environnement n'est pas une notion nouvelle en Côte d'Ivoire. Plusieurs sources, se penchant sur cette notion, existent. Elles partent du droit traditionnel de protection de l'environnement aux décrets, lois et conventions internationales en vigueur en passant par le droit colonial en faveur de la protection de l'environnement. Dans son œuvre intitulée « *le droit de l'environnement en Afrique* » publiée en 1996, Maurice **Kamto**, a fait un large extrait sur l'ensemble des textes régissant la protection de l'environnement en Côte d'Ivoire.

Du point de vue socio-économique, de nombreux auteurs ont mené des études sur les régions nord-ouest de la Côte d'Ivoire. Par exemple en 1968, **L'IDET-CEGOS** du Ministère du plan ivoirien a mené une étude socio-économique dans des perspectives de développement économique général. L'étude visait un plan de désenclavement économique des régions nord-ouest.

Cette étude a été suivie d'une autre menée en 1977 par **Barry M. B., Bigot Y.** et **Estur G.** Elle a porté sur la culture cotonnière et la structure de production agricole dans cette Région du Nord-Ouest. En 1979, c'est **Bigot** qui, dans une étude singulière, s'intéressa à la technique économique du système de production du coton dans la Région entre 1976 et 1978. Son étude visait les impacts que produit l'introduction de la culture attelée sur la cohabitation entre l'agriculture vivrière et la culture du coton. En 1988, la direction des Grands Travaux de Côte d'Ivoire (**DCGTX**) a mené une étude monographique sur la région de Touba. Elle était une étude de faisabilité sur le développement agricole dans cette région.

Jean-Louis Chaléard s'est intéressé, dans un rapport de convention avec le ministère de la coopération en 1989, à l'approvisionnement des villes en produits agricoles et les différentes mutations rurales que suscite cet approvisionnement dans les régions nord-ouest et sud-ouest du pays.

A travers cette documentation, il ressort que les régions nord-ouest de la Côte d'Ivoire sont une entité géographique qui regorge d'énormes potentialités. Celles-ci sont d'ordre physique, humain et économique. Les analyses sur le plan physique nous situent aisément sur les acquis naturels du domaine d'étude. Mais, les textes qui régissent la protection de ce riche patrimoine naturel restent dissuasifs et moins contraignants (Kamto, 1996). Les différentes analyses ont pu mettre en exergue la singularité du climat nord-ouest dans l'unité des manifestations pluviométriques à l'échelle de la Côte d'Ivoire. Il s'agit d'une zone où la forme du relief impacte fortement la pluviogenèse. Les analyses de **Brou Yao Télesphore** (2005) ont indiqué l'état de variabilité de ce climat des régions nord-ouest, à l'instar de l'ensemble des climats de la Côte d'Ivoire. Sur le plan socio-économique, les analyses faites par les auteurs ci-dessus cités nous ont permis de cerner les atouts humains et économiques qu'offre le domaine d'étude pour son développement.

6.2- Le cadre théorique de l'étude

Les différents travaux de **Brou Yao Télesphore** (1997, 2000 et 2005) restent un modèle d'analyse climatique de l'espace ivoirien. Avec des outils d'analyse et d'approche du terrain (statistique et télédétection), il a su rendre compte des réalités bioclimatiques et socio-économiques de l'ensemble du territoire ivoirien. D'une manière générale, ses travaux se situent à l'interface du milieu physique et du milieu humain dans une démarche triptyque incluant *l'écosystème, l'agrosystème* et *le sociosystème*. Selon lui, l'espace géographique ne peut s'appréhender qu'à partir des interactions entre ces trois maillons, c'est-à-dire le milieu, qui est un ensemble dans lequel les éléments naturels et les éléments humains entretiennent des rapports dialectiques.

En effet, il est difficile de concevoir et de comprendre l'analyse spatiale en dehors de cette perspective intégrée à trois dimensions que sont le *Géosystème*, le *Territoire* et le *Paysage*. Delà, on observe dans l'espace géographique, un milieu naturel, un milieu économique et un milieu socioculturel et politique. Nous convenons dans ce sens avec **J-R. Boudeville** (1995), qui définit l'espace géographique comme « *celui dans lequel nous vivons et où se situent nos outils et nos actes. L'espace à trois dimensions : la longitude, la latitude et l'altitude, constitue notre théâtre quotidien et l'enjeu de nos conquêtes* ». C'est dire que l'homme est au cœur du « **géosystème** » général comme le montre **Y. Veyret** à travers la figure 1.

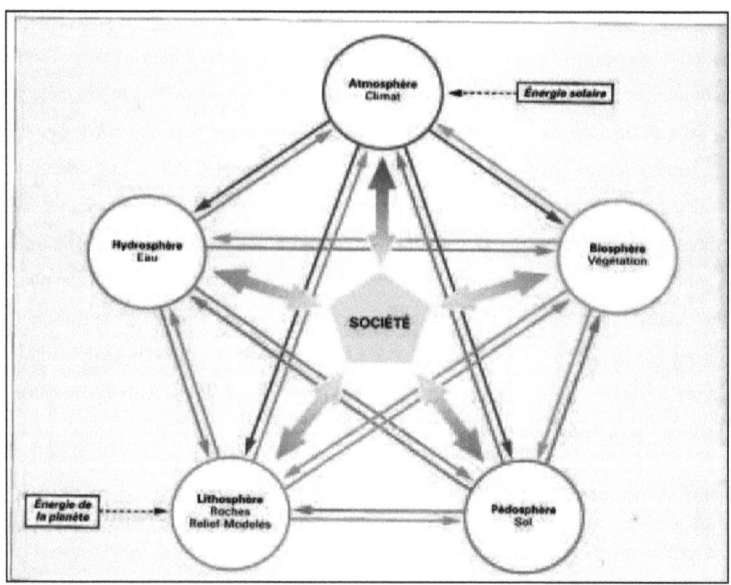

Figure 1 : Schéma du géosystème selon Y. Veyret, 1995   *(Knafou, 2001)*

Pour comprendre l'espace, il faut partir de l'homme, de ses relations, de sa culture, de son vécu et de son expérience. Ici la subjectivité se confond avec l'objectivité. Certes, il est

13

important de comprendre les interactions entre les aspects naturels et les aspects humains, mais il importe avant tout de mieux cerner cet espace complexe et abstrait qu'est l'**atmosphère** : comprendre son organisation, les différentes combinaisons entre ses composantes ainsi que les mécanismes et processus de ce système. La géographie, c'est d'abord l'étude de l'organisation de l'**espace**. Elle entend objectiver l'espace à travers l'usage de lois, de théories et de modèles universels. Comme le disait **Brunet** (1968), « *on ne peut pas avoir de configuration en dehors des structures élémentaires de l'espace. Toute étude géographique va prendre appui sur la géographie spatiale* ». Il importe donc de privilégier dans la présente étude, la modélisation et le systémisme ; d'où l'usage utile de la *géographie nomothétique*.

Un domaine d'étude comme le nôtre, se distingue du reste des régions de savanes du Nord de la Côte d'Ivoire par sa topographie. Celle-ci influence fortement la circulation atmosphérique et y engendre de multiples facteurs de pluviogenèse. Une large compréhension de ce microsystème de l'atmosphère permet d'appréhender globalement et aisément l'écosystème et le paysage. Il importe pour nous de comprendre dans un premier temps, cette interaction rigide entre l'orographie, le climat, les sols et la végétation dans un milieu naturel avant de voir ses influences sur l'environnement humain et socio-économique. Notre positionnement de la Géographie peut ainsi se résumer selon le schéma suivant (figure 2).

Les écrits sur la protection de l'environnement sont également nombreux à l'échelle planétaire. Les mesures globalisantes de protection s'appliquent avec difficultés lorsqu'on passe d'une zone climatique à une autre. De la zone tempérée à la zone tropicale, les stratégies diffèrent parfois. C'est pourquoi, nous avons tiré beaucoup d'enseignements des nombreux séminaires, colloques, panels et autres activités scientifiques durant les années 2008 et 2009. Les thèmes débattus, entre autres, « le développement des énergies renouvelables au détriment des énergies fossiles », « la préservation et le développement des espaces forestiers », « la lutte contre les érosions côtières dans nos Etats africains », etc. nous ont permis d'avoir de réelles options sur la gestion de l'environnement en Afrique.

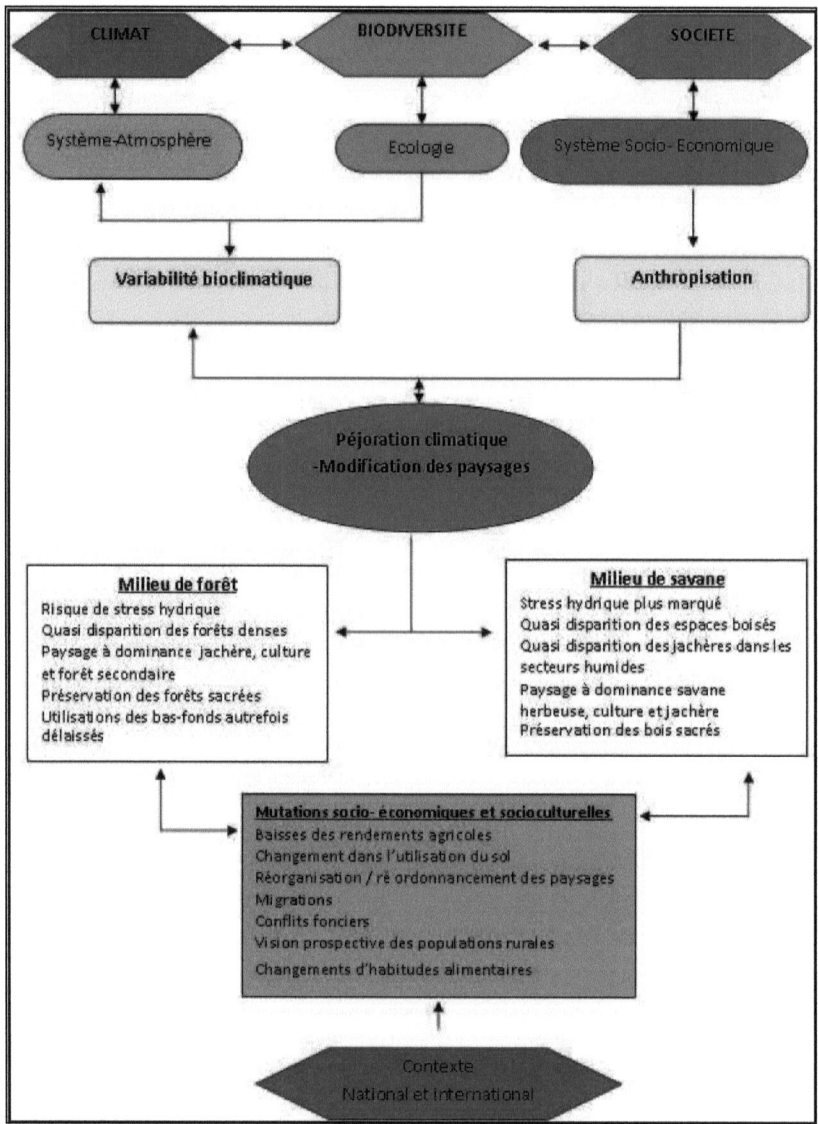

Figure 2 : Notre positionnement de la géographie   (Adaptée de Brou Yao T., 2005)

6.3- La collecte des données

Deux types de données ont été collectés. D'une part, *les données quantitatives* ont été recueillies dans les instituts spécialisés et les administrations compétentes. D'autre part, *les informations qualitatives* ont fait l'objet d'enquête sur le terrain.

6.3.1- Les données quantitatives

Les données climatiques d'analyse ont été essentiellement recueillies au service de la météorologie nationale de Côte d'Ivoire, la SODEXAM. Elles ont été complétées par celles recueillies à la Direction Générale et au service de la Prévision Météorologique de l'Aéroport Léopold Sédar Senghor de Yoff, de l'ASECNA, à Dakar au Sénégal. Quelques-unes ont été recueillies au CNRA[19] à la station d'Anguédédou à Abidjan. Elles sont enfin venues du Laboratoire de Climatologie et d'Environnement (LCE) du Département de Géographie de l'Université Cheikh Anta Diop de Dakar (UCAD).

Les données recueillies sont d'une part, les relevés journaliers des douze mois de l'année 2007 des différentes positions maximales de l'Equateur Météorologique au niveau de la Côte d'Ivoire. Elles ont permis l'analyse de la migration de l'Equateur Météorologique durant l'année 2007 et de ses impacts en Côte d'Ivoire. D'autre part, il s'agit de *la pluviométrie, la température et l'évapotranspiration,* de la période allant de 1951 à 2008. Ces dernières (données) ont été obtenues dans les stations synoptiques, climatiques, agroclimatologiques et les postes pluviométriques du service de Météorologie de la SODEXAM et du CNRA. Les données de température recueillies n'ont pas pu couvrir l'ensemble des stations à cause des difficultés de collecte. Pour traiter notre sujet, la zone d'étude a été découpée en trois régions climatiques (Sud, Centre et Nord) et les stations météorologiques retenues sont celles de Kani, Séguéla, Touba et Borotou au Sud de la zone d'étude. Nous avons ensuite les stations d'Odienné, Madinani et Boundiali au Centre. Enfin, celles de Kouto, Kasséré et Tengréla à l'extrême nord du domaine d'étude ont été retenues. Les stations se situent entre les latitudes 8 et 10°50'N. Ce sont soit, des stations synoptiques et agroclimatologiques, soit, de simples postes pluviométriques. On les trouve à Tengréla, Odienné, Boundiali, Touba et Séguéla. Nous les identifierons par le terme de « *stations principales* ». Ce sont aussi des postes pluviométriques intermédiaires que l'on retrouve dans

---

[19] . Centre National de Recherche Agronomique en Côte d'Ivoire. Le Laboratoire Sols- Plantes et Eaux de Bouaké est situé sur le site de l'Ex- institut des savanes (IDESSA) qui a intégré désormais le CNRA.

des communes ou villes rurales dans le domaine d'étude. Ces postes pluviométriques secondaires ont été recensés dans le cadre de cette étude pour une bonne couverture de l'ensemble du domaine en information pluviométrique. Ces stations sont : Kasséré et Kouto dans le Nord du domaine d'étude, Madinani au Centre, et enfin Borotou et Kani au Sud. Pour la désignation de cette catégorie de stations, les termes « *stations secondaires* », « *stations de liaison* », ou « *stations intermédiaires* » seront alternativement employés. Le positionnement de l'ensemble des stations peut être observé sur la figure 3.

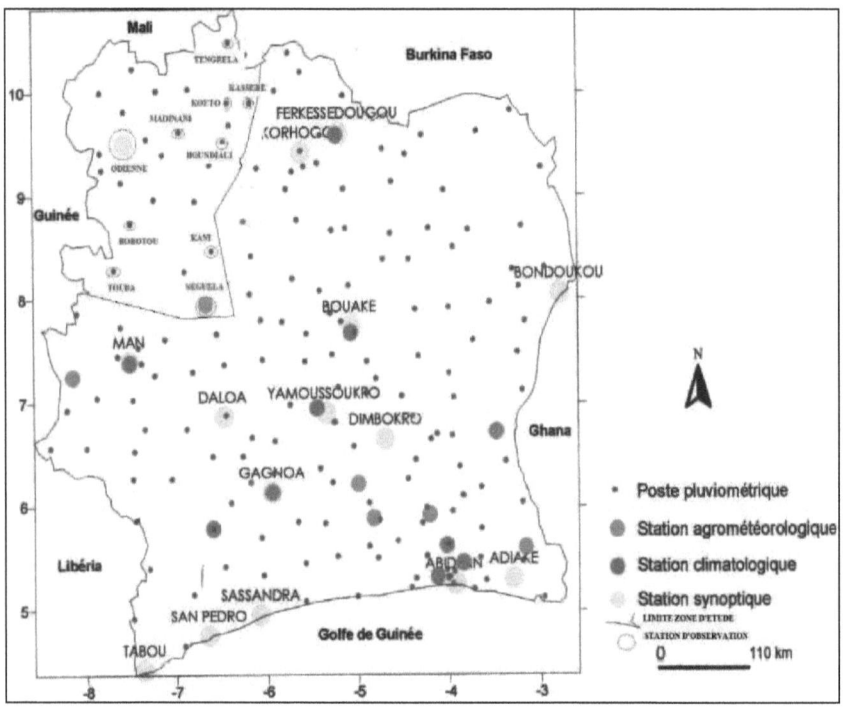

Figure 3 : Carte des 109 stations d'observations en Côte d'Ivoire   (source : CNRA, 2002)

La collecte des données a concerné également les quantités de productions agricoles et pastorales dans le domaine d'étude. Pour les productions vivrières, nous nous sommes intéressés à celles du riz, igname, maïs, et manioc. Les productions de rente, très vulgarisées dans le domaine d'étude, sont celles du coton, de l'anacarde, de la canne à sucre et des mangues. Ces données ont été relevées au **Ministère de l'Agriculture** à Abidjan-Plateau sur la période 1950-2002.

Pour raison de crise socio-politique depuis 2002, tout le domaine d'étude est sous contrôle d'une rébellion armée. Les différentes stations sont par conséquent en dysfonctionnement. Les données météorologiques, au-delà de cette date, sont quasiment inexistantes pour ces stations et postes d'observation. Mais dans le souci d'actualiser notre analyse, nous avons collecté des données climatiques dans certaines localités ou stations météorologiques voisines mais hors des frontières ivoiriennes. Il s'agit des stations d'observation de *Beyla* et de *Kérouané* dans le Nord-Est de la Guinée Conakry et de *Bougouni* dans le Sud-Ouest du Mali. Ces localités sont respectivement proches (moins de cinquante kilomètres) de Booko dans la région du Bafing (Touba) et de Minignan dans le Denguélé (Odienné). De même, Bougouni est proche (vingt à cinquante kilomètres) de la ville de Tengréla, dans la région des Savanes dont le chef-lieu est Korhogo. Les données de stations voisines ont subi un prétraitement de corrélation avant leur intégration. Ces différentes stations météorologiques sont susceptibles de rendre compte des caractéristiques climatiques respectivement du Sud, du Centre et du Nord du domaine d'étude. Les données allant de 2001 à 2008 ont été recueillies sur le site internet www.dw.iwni;org/idis-dp/home.aspx et grâce à la collaboration de M. Camara Idrissa de la station agroclimatologique de N'Zérékoré en Guinée.

6.3.2- Les données qualitatives

Pour la collecte des informations sur les impacts de l'évolution climatique, nous avons procédé à une enquête sur le terrain. La MARP[20], et le logiciel LE SPHINX PLUS[2] ont été les fondements et les outils de la collecte des informations. Pour les impacts environnementaux, la collecte a été faite à partir d'une observation directe de modèles spatiaux (paysages) choisis parfois de manière aléatoire. Le choix de nos échantillons était le plus souvent raisonné. Il a été basé sur le découpage en régions climatiques du domaine d'étude.

L'enquête de terrain a été appuyée par un stage à la SODEFOR (au centre de gestion de Gagnoa) du 30 juillet au 30 septembre 2009 et au Ministère de l'Environnement à Abidjan-Plateau, pour une meilleure connaissance des stratégies d'adaptation mises en place par l'Etat

---

[20] . Méthode Active de Recherche Participative. Une méthode d'observation directe de terrain couramment utilisée en sciences sociales où le chercheur se laisse guider dans sa quête d'informations par les populations enquêtées.

en matière de protection environnementale. Elle nous a permis aussi d'interroger les populations sur les impacts socio-économiques de l'évolution climatique dans ces régions et sur les stratégies d'adaptation qui y sont développées.

6.4- Le traitement des données

D'une manière générale, les approches quantitative et qualitative ont été à la fois employées. Les traitements statistiques de la pluviométrie et du bilan climatique ont été effectuées sur **MICROSOFT EXCEL. KHRONOSTAT** est spécialisé dans le test de rupture dans les séries chronologiques. Par ailleurs, d'autres logiciels d'analyse statistique, de traitement de données de terrain et de cartographie ont été consultés. Ce sont : **SAS, HYDROLAB, LE SPHINX PLUS^2, ARC GIS 3.9.**

6.4.1- L'approche quantitative

Dans l'analyse statistique des données météorologiques, la pluviométrie, la température et l'évapotranspiration (ETP) ont été utilisées comme variables statistiques. Notre analyse a été fondée en grande partie sur la pluviométrie et l'évapotranspiration en raison de leur importance dans la composition de l'eau contenue respectivement dans l'atmosphère et dans le sol. Or, l'eau reste l'une des composantes essentielles du climat. Nous supposons donc que la pluviométrie et le bilan climatique, successivement analysés, sont susceptibles de rendre compte de la caractérisation de l'évolution du climat de notre domaine d'étude.

Cependant, la température reste une donnée essentielle dans l'étude du climat. C'est pourquoi, en dépit de l'insuffisance des données recueillies, la température a été également retenue dans la caractérisation du climat. Son étude a concerné les stations de Tengréla au Nord, d'Odienné au Centre et de Touba au Sud.

Le traitement des données a été effectué en deux phases conformément à nos objectifs de travail. Les hauteurs pluviométriques et valeurs thermiques des différents postes d'observations ou stations synoptiques et climatologiques ont été soumises à différentes méthodes de traitement statistique.

✓ Pour caractériser **la variabilité des quantités de pluie**, nous avons successivement utilisé : *le test des régimes pluviométriques, le coefficient de variation* et *les indices de Nicholson.*

❖ **Le test des régimes pluviométriques par la composante principale**

Il consiste à sélectionner deux périodes aux deux extrémités-ou proches-de la série chronologique à long terme et à comparer leurs moyennes pluviométriques dans le temps. La composante principale permet d'évaluer les quantités de pluie mensuelles et à dégager ainsi les différents régimes (unimodal ou bimodal) de pluie du poste d'observation ou de la station.

❖ **Le coefficient de variation**

C'est une méthode dont les objectifs sont d'une part, la mise en évidence des fluctuations locales des cumuls annuels de pluviométrie au niveau de chaque poste d'observation et, d'autre part, l'évaluation de l'évolution de ces variations dans le temps.

Le coefficient de variation (CV) est de la forme :

CV= $(\Omega /m)*100$ ou Ω= écart type ; m= moyenne à long terme.

❖ **Le test de Nicholson**

Les indices de Nicholson (*Nicholson et al, 1988*) étudiés ici mesurent les écarts entre les hauteurs annuelles de précipitations et la moyenne établie sur la période de 1951-2008. C'est une méthode très rigoureuse qui permet de différencier les années excédentaires et déficitaires. L'indice annuel Ii est calculé par la formule :

Ii = $(\mu i- \emptyset)/\Omega$

μi : cumul de l'année i étudiée ;

$\emptyset$: moyenne interannuelle de la variable sur la période de référence ;

Ω : valeur de l'écart-type de la variable sur la même période de référence.

✓ Pour caractériser **l'évolution des quantités de pluie**, deux types d'évolution se distinguent : *l'évolution interannuelle* et *l'évolution interséquentielle*.

❖ **Les écarts normalisés** pour l'évolution interannuelle

Plus proches des indices de Nicholson, les écarts normalisés mesurent l'écart moyen par rapport à la moyenne à long terme. Les résultats sont estimés en pourcentage. Ces indices classent en donnant les valeurs pluviométriques exactes en pourcentage de l'année i au sein de la tendance excédentaire (humide) ou de la tendance déficitaire (sèche). L'écart normalisé (ECn) est de la forme : $ECn = [(Pi-P') / P']*100$;

Où Pi= total pluviométrique de l'année i étudiée ;

P'= moyenne à long terme de la série.

N.B. : les écarts normalisés ont été préférés aux moyennes mobiles à cause de la quantification des hauteurs pluviométriques qui constitue un plus pour cette méthode. Cependant, dans l'analyse, nous ferons parfois référence aux résultats des moyennes mobiles.

L'évolution interséquentielle sera analysée avec *les quintiles pluviométriques*.

Les quintiles pluviométriques

C'est une analyse fréquentielle qui donne des informations utiles dans la caractérisation des séquences pluviométriques. Elle servira également, dans le cadre de cette étude, d'instrument de classification des différentes années des séries chronologiques. Son application nécessite la démarche suivante :

• classer les valeurs prises par le paramètre étudié ;

• en déduire la fréquence de dépassement de tel ou tel seuil. La méthode des quintiles est de la forme : $Qn = n^* (N/5)$; n = seuil et N = nombre d'observations.

Les résultats sont généralement présentés au travers de 4 nombres.

Le minimum ou le 1er quintile (Q1) correspond à la valeur à laquelle sont inférieurs 20% des observations. Cela revient à dire que l'on observe en moyenne une fois sur cinq, une valeur inférieure à Q1.

La médiane (MED) ou valeur centrale correspond à autant d'observations inférieures que supérieures (proche de la moyenne dans la plupart des cas).

Le 4ième quintile (Q4) correspond à la valeur dépassée en moyenne une fois sur cinq (20% des observations lui sont supérieures).

Le maximum, représente ici 60% des valeurs qui sont donc situés entre Q1 et Q4. Les premiers et quatrièmes quintiles représentent ainsi l'enveloppe des valeurs que l'on peut qualifier » d'inhabituelles ». Par conséquent, plus les valeurs s'écartent en-dessous de Q1 ou au-dessus de Q4, plus on peut les qualifier « d'exceptionnelles ».

Q4 sépare les classes *très excédentaire* et *excédentaire*.

Q1 sépare les classes *très déficitaire* et *déficitaire*.

MED = classe moyenne

Pour notre analyse, les différentes classes de référence sont les suivantes :

Q5= classe très excédentaire= [20 % ; → [

Q4= classe excédentaire= [5 % ; 20 % [

Q3= classe médiane= [-5 % ; 5 % [

Q2= classe déficitaire= [-20 % ; -5 % [

Q1= classe très déficitaire= [← ; -20 % [

✓ Pour identifier **la Rupture** et déterminer **la période** de cette rupture dans les séries chronologiques, nous avons utilisé le logiciel de référence, **Khronostat.** Nous ne retiendrons ici que deux méthodes de détection : *la segmentation de Hubert* et *le test de rupture de Pettitt.*

❖ **La segmentation de Hubert** (Hubert et al. 1989)

La procédure de segmentation de séries chronologiques proposée par Hubert, est appropriée à la recherche de multiples changements de moyenne. Elle fournit, au moyen d'un algorithme spécifique, une ou plusieurs dates de rupture (éventuellement aucune) qui séparent des segments contigus dont les moyennes sont significativement différentes au regard du test de Scheffé (Dagnelie, 1975). Dans la présente étude, la segmentation de Hubert nous permettra de détecter d'éventuelles ruptures dans la chronique. Le résumé des résultats de la segmentation de Hubert est exposé en *Annexe 6a.*

❖ **Le test de rupture de Pettitt**

C'est une méthode proposée par **Pettitt** en 1979. C'est un test non paramétrique qui dérive de celui de Mann-Whitney. L'absence de rupture dans une série (Xi) de taille N constitue l'hypothèse nulle. Sa mise en œuvre suppose que pour tout instant **t** compris entre **1** et **N**, les séries chronologiques (Xi) i-1 à t et t + 1 à N appartiennent à la même population.

La variable à tester est le maximum en valeur absolue de variable Ut, N définie par :

$$U_{t,N} = \sum_{i=1}^{1} \sum_{j=t+1}^{N} D_{ij}$$

où D_{ij} = sgn (Xi-Xj) avec sgn (X) = 1 si x > 0, 0 si x = 0 et -1 si x < 0

Cette méthode a été appliquée dans plusieurs études en Afrique. Ces dernières attestent de sa fiabilité pour la détection des ruptures dans une série chronologique donnée (Lubès et al., 1994 ; Servat et al., 1998 et 1999 ; Ouédraogo, 2001 ; Sighomnou, 2004).

Sa force réside dans la précision de date (année) à laquelle la modification (rupture) s'est opérée dans une chronique donnée. Le test de Pettitt pose : *l'hypothèse nulle = absence de rupture*. Si l'hypothèse nulle est rejetée à un taux élevé (95-99 %), cela signifie qu'il y a effectivement rupture dans la chronique (*rejeté = présence de rupture*). Par contre, si l'hypothèse nulle est acceptée à un taux élevé (95-99 %), la présence de rupture dans la chronique reste contestable.

N.B : Pour la présentation de nos résultats, nous ne retiendrons que le test de Pettitt à cause de la qualité de son analyse (concision et précision).

✓ Pour caractériser **l'évolution de la température**, deux types d'évolution se distinguent : *l'évolution interannuelle* et *l'évolution interdécennale*. Les indices de Nicholson appliqués à la pluviométrie plus haut seront reconduits dans cette analyse.

✓ Pour caractériser **l'évolution climatique**, nous avons utilisé *l'indice de sécheresse* (IS) et *le bilan climatique*.

❖ *L'indice de sécheresse* s'obtient de la manière suivante : IS = P/ ETP moyen où IS = Indice de sécheresse de la décennie et l'ETP moyen étant la moyenne des ETP des 58 années de la série. La classification des stations se fait en fonction du tableau de référence ci-dessous.

Indice de sécheresse (IS)	Classification des stations
IS < 0.05	hyper-aride
0.05 < IS < 0.25	aride
0.25 < IS < 0.50	semi-aride
0.50 < IS < 0.75	subhumide
0.75 < IS < 1	humide
IS > 1	hyper-humide

❖ *Le bilan climatique*

C'est l'écart ou la différence entre la pluviométrie Pi (mm) de la décennie et la moyenne décennale de l'évapotranspiration potentielle (ETP). Cet écart moyen (ECm) permet d'apprécier la progression de la sécheresse dans le temps. Autrement dit, il permet d'observer les différentes étapes évolutives d'un milieu écologique suivant la chronologie.

Le logiciel statistique **SAS**, par les méthodes de *régression pas à pas* et *la matrice de corrélation de Pearson*, établit des rapports chiffrés entre les productions agricoles et les facteurs du climat local. **HYDROLAB** permet d'établir la corrélation entre la nappe d'eau écoulée et la pluviométrie en un lieu donné. Les résultats issus de **SAS** et **HYDROLAB** ont directement été empruntés à des études déjà effectuées. Les différentes cartes ont été réalisées sur **ARC GIS.3.9**.

*N.B. : Pour la présentation des résultats, les différentes stations sont présentées dans un ordre qui reflète leur positionnement dans l'espace géographique. D'abord nous avons les stations au Nord, ensuite celles au Centre et enfin en bas, les stations au Sud du domaine d'étude. Aussi, leur regroupement a-t-il été fait par zone climatique. Le premier groupe de stations est celui des stations situées dans la zone **nord-soudanienne**. Le second regroupe les stations d'observations du domaine **sud-soudanien** des régions nord-ouest de la Côte d'Ivoire. Cependant, les stations seront maintenues dans leur ordre d'enregistrement pour un souci d'équilibre des tableaux dans les annexes: cinq stations principales et cinq stations secondaires.*

6.4.2- L'approche qualitative

L'approche qualitative à travers une méthode empirique est le fondement de l'étude des impacts. L'outil de traitement des informations utilisé est **LE SPHINX PLUS**[2]. Les modèles spatiaux ont été utilisés dans l'analyse **des impacts environnementaux** pour appuyer ou confirmer les analyses des paramètres physiques (hydrographie, végétation et sols) ou climatiques (évolution de la pluviométrie, de la température et du bilan climatique). Ces informations ont ensuite été confrontées aux données issues des observations directes de terrain. Enfin, nous avons procédé à la quantification des données qualitatives (nombre, valeur, pourcentage,...).

Pour analyser **les impacts socio-économiques**, nous avons traité les informations recueillies auprès des acteurs (paysans, opérateurs, agents de développement, experts, etc.). Ce traitement a pris en compte plusieurs paramètres (l'âge de l'enquêté, sa région climatique de résidence, la fréquence des réponses apportées à une question donnée, etc.). Ces informations ont ensuite été confrontées aux données issues des observations directes de terrain. Enfin, nous avons procédé à la quantification des données qualitatives (nombre, valeur, pourcentage,...).

7- Le plan de l'étude

Trois grandes parties de trois chapitres chacune constituent l'ossature de ce document.

La première partie concerne l'analyse du cadre physique et des aspects socio-économiques des régions nord-ouest de la Côte d'Ivoire. Elle est structurée en trois chapitres. *Le chapitre 1* intitulé « *Cadre physique du domaine d'étude* » décrit les caractéristiques physiques telles que la géologie, la topographie, le modelé, les sols, mais aussi l'hydrographie. Ce chapitre évoque aussi les caractéristiques climatiques et biogéographiques de ces entités géographiques. *Le chapitre 2* s'étale sur *les aspects humains et démographiques* du domaine d'étude. Il renseigne par conséquent sur l'histoire de la mise en place des populations. Ce chapitre décrit également la structure, la croissance et la répartition de cette population régionale. *Le chapitre 3* met l'accent sur *les activités économiques du domaine d'étude*. Il donne des indications sur les potentialités économiques et quelques activités créatrices de revenus pratiquées par les populations.

Cette analyse du cadre géographique permet de décrire l'espace physique, les aspects humains et économiques. Elle indique les interactions rigides qui existent entre nature, société et économie dans ces régions.

La deuxième partie est réservée à l'analyse de l'évolution climatique récente à travers la pluviométrie, la température et le bilan climatique. Elle comporte également trois chapitres. D'abord, *le chapitre 1* analyse les indicateurs des pluies dans les régions nord-ouest de la Côte d'Ivoire. Ensuite, *le chapitre 2*, au travers d'un ensemble de méthodes et d'outils statistiques, mène une analyse échographique sur l'évolution de la pluviométrie. Il traite également de la problématique de rupture dans cette évolution pluviométrique entre 1951 et 2008. Enfin, *le chapitre 3* porte une analyse sur l'évolution thermique et du bilan climatique.

Cette deuxième partie de l'étude établit des indices précis, grâce à des traitements statistiques de données, sur l'évolution climatique dans la zone d'étude au cours de la période.1951-2008. Elle permet ainsi de comprendre voire d'élaborer des théories sur les phénomènes climatiques et météorologiques dans ces régions.

La troisième partie analyse des impacts de cette évolution ainsi que des stratégies d'adaptation pour un développement durable. Cette partie, de même que les précédentes, se subdivise en trois chapitres dont le premier, fait une analyse des impacts environnementaux de l'évolution du climat régional. *Le chapitre 2* s'appesantit sur les impacts du phénomène au plan social et économique. Enfin, *le chapitre 3* s'attèle à l'analyse des stratégies d'adaptation développées par les acteurs pour faire face à l'évolution climatique dans ces régions.

Cette troisième et dernière partie de l'étude permet de comprendre l'ampleur des impacts de l'évolution climatique récente sur le milieu écogéographique et l'enjeu qu'elle suscite pour le développement durable dans ces régions.

PREMIERE PARTIE :

CADRE PHYSIQUE ET ASPECTS SOCIO-ECONOMIQUES DES REGIONS NORD-OUEST DE LA CÔTE D'IVOIRE

Introduction

La Côte d'Ivoire est un pays de l'Afrique de l'Ouest. Elle a une population de 20,8 millions d'habitants (UEMOA, avril 2009). Elle a pour pays limitrophes à l'Ouest le Libéria et la Guinée Conakry, au Nord le Mali et le Burkina Faso et à l'Est le Ghana. Elle s'ouvre sur l'océan Atlantique au Sud ; bénéficiant ainsi de plus de 600 kilomètres de côte (figure 4). Avec une superficie de 322.462 km², la Côte d'Ivoire est située entre les 4°20'et 10°50'de latitude nord. En longitude, elle se situe à l'Ouest du méridien d'origine, précisément entre 3°40' et 8° 30' Ouest.

Au plan aérologique, la Côte d'Ivoire appartient au grand ensemble ouest-africain. La circulation générale de cet ensemble est régulée essentiellement par des vents d'Ouest et des vents d'Est. Les montagnes jouent un rôle modificateur dans cette circulation. Les principaux flux sont l'alizé, d'origine saharienne et la mousson, venant de l'Océan Atlantique. L'Equateur Météorologique est le principal élément d'explication des précipitations.

Ce pays présente deux domaines écologiques nettement visibles à partir du 8°N. Au Sud et à l'Ouest, c'est la forêt dense et mésophile, puis au Centre et au Nord, on a le domaine des savanes. Mais une forte intrusion de la savane au cœur de la forêt rend difficile cette division latitudinale. C'est le « V » baoulé.

Les formations végétales savanicoles couvrent plus de la moitié de la superficie de la Côte d'Ivoire. Elles sont globalement comprises entre les 8 et 10°50' de latitude nord. Elles suivent la pointe du « V baoulé » qui descend jusqu'au 6°50'N dans la région de Toumodi où se trouve la station écologique de Lamto. Les limites sud des savanes sont d'Ouest en Est, les départements de Touba, Séguéla, Toumodi, Dabakala et Bondoukou (figure 5).

Au sein de cette vaste région des savanes, la façade ouest, notre domaine d'étude, se distingue du reste par des atouts géographiques, c'est-à-dire des caractéristiques administratives, physiques, humaines et économiques. La zone d'étude est limitée à l'Ouest par la République de Guinée et au Nord par celle du Mali. Au plan national, cette zone est limitée au Nord-Est par le département de Korhogo et au Sud-Est par celui de Mankono. Au Sud, ce sont les départements de Biankouma et de Vavoua qui la limitent respectivement au Sud-Ouest et au Sud-est (figure 6).

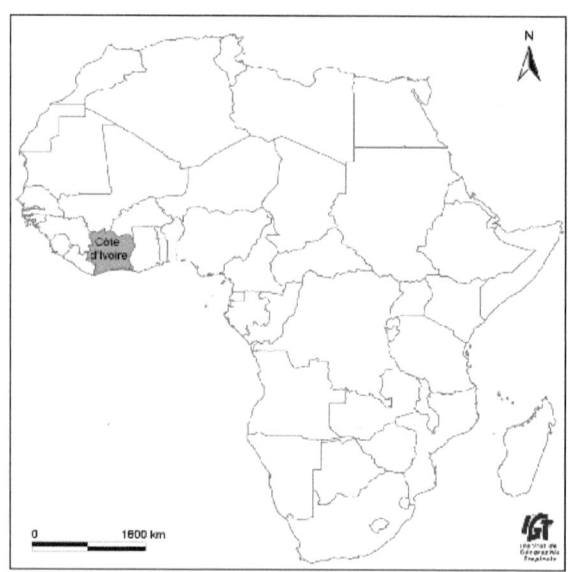

Figure 4 : Situation géographique de la Côte d'Ivoire   (Atlas de Côte d'Ivoire, 1978)

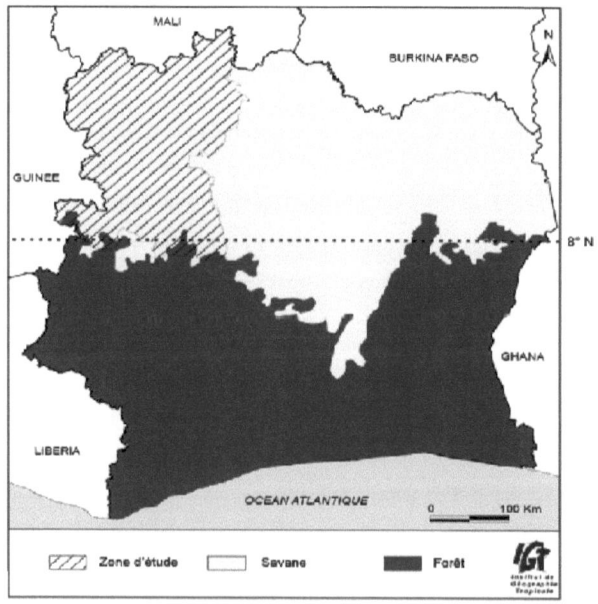

Figure 5 : Les domaines écologiques de la Côte d'Ivoire   (Atlas de Côte d'Ivoire, 1978)

29

Figure 6 : Situation géographique du domaine d'étude   (CNTIG, 2007)

Le domaine d'étude a une superficie totale de 50.655 km² répartie administrativement en quatre grands ensembles (les Savanes (en partie), le Denguélé, le Bafing et le Worodougou (en partie)), onze départements et quarante-sept sous-préfectures (tableau 1).

Tableau 1 : Découpage administratif des régions nord-ouest ivoiriennes

Régions	Départements	Sous-préfectures	Superficie en km²
Les Savanes	Tengréla	Débété, Kanakono, Tengréla,	2.200
	Boundiali	Boundiali, Gbon, Kasséré, Kolia, Kouto ; Ganaoni, Siempurgo	7.895
	Kouto		
Le Denguélé	Odienné Madinani Minignan Kaniasso	Bako, Dioulatiédougou, Goulia, Sokoro, Kimbirila sud, N'Goloblasso, Mahandiana Sokourani, Bougousso, Gbéléban, Gbongaha, Kaniasso, Mandinani, Minignan, Samatiguila, Séguélon, Seydougou, Tiémé, Tienko, Odienné	20.600
Le Bafing	Touba Koro	Booko, Borotou, Foungbesso, Guintéla, Koonan, Koro, Mombasso, Niokosso, Ouaninou, Touba	8.720
Le Worodougou	Séguéla Kani	Diarabana, Djiborosso, Dualla, Kani, Massala, Morondo, Séguéla, Sifié, Worofla	11.240
4	11	47	50.655

(Source : CNTIG : Comité National de Télédétection et d'Information Géographique- Côte d'Ivoire, 2008)

Pour bien cerner les caractéristiques géographiques des régions nord-ouest de la Côte d'Ivoire, nous allons analyser successivement le cadre physique, les aspects humains et les activités agricoles.

Pour ce qui concerne **le cadre physique**, nous évoquerons d'abord les caractéristiques liées à la *géologie* et au *relief*, les *sols* et *l'hydrographie*. Ensuite, nous nous appesantirons sur le *cadre climatique* du domaine d'étude. Pour finir, nous décrirons les différentes *formations végétales* présentes dans ces régions.

Les aspects humains seront analysés à travers divers paramètres. D'abord, l'histoire de la mise en place des peuples de Côte d'Ivoire en général qui permet de bien cerner le *peuplement* actuel des régions nord-ouest de la Côte d'Ivoire. Ensuite, nous verrons les caractéristiques démographiques telles que les effectifs et leur *évolution* dans le temps, la *structuration* par sexe et par âge de la population et enfin sa *répartition* dans l'espace géographique.

L'étude **des activités agricoles** portera essentiellement sur *l'agriculture* et ses annexes (l'*élevage* et la *cueillette*). L'analyse de cette activité de base permettra de mieux entrevoir les impacts liés à l'évolution climatique actuelle.

CHAPITRE I: CADRE PHYSIQUE DU DOMAINE D'ETUDE

L'étude du cadre physique du domaine d'étude prendra en compte quatre sous-ensembles d'éléments physiques dont le premier regroupe la *géologie, le relief, le modelé et les sols*. Le second se rapporte à *l'hydrographie*. Nous avons un troisième sous-ensemble qui traite du *cadre climatique* et enfin, le dernier élément est relatif à la *végétation*.

I- La géologie, le relief et les sols

Dans un premier temps, nous nous intéresserons successivement à la *géologie* qui influence la *morphologie* et enfin aux sols.

I.1- Les ensembles géologiques

La Côte d'Ivoire appartient au noyau cratonique ouest-africain. Le territoire national est occupé à 97 % par le socle Précambrien, constitué de roches métamorphiques et de granitoïdes. Les formations sédimentaires importantes sont d'âge Secondaire et Tertiaire et constituent un ruban côtier, depuis Grand-Béréby au Sud-Ouest jusqu'à la frontière avec le Ghana à l'Est, couvrant ainsi près de 9700 km², soit environ 3% du territoire national. Les formations géologiques de la Côte d'Ivoire peuvent être regroupées en quatre grands ensembles :

• l'ensemble (A) d'âge Archéen est constitué principalement de granitoïdes, de gneiss et de migmatites avec, secondairement, des amphibolites, des pyroxénites et des quartzites à magnétites ;

• l'ensemble (B) d'âge Protézoïque inférieur est constitué essentiellement de roches métamorphiques associées à des roches volcaniques métamorphisées ;

• l'ensemble (P) d'âge Protozoïque moyen regroupe des plutonites de composition pétrographique variable ;

• les ensembles (T) et (Q) d'âge Tertiaire et Quaternaire sont des terrains constitués de sédiments détritiques : sable, gravier, argile pour le Tertiaire et sable avec amas coquilliers pour le Quaternaire (Jourda, 1987).

Ainsi, dans les régions nord-ouest du pays, la structure géologique se compose-t-elle essentiellement d'un vaste ensemble de granitoïdes à biotile homogènes et hétérogènes du Sud au Nord. Ce vaste ensemble est par endroit ponctué de complexe birrimien (conglomérats, grès, schistes, ...) au Sud du domaine d'étude, c'est-à-dire dans les régions de

Touba et Séguéla jusqu'à Odienné. Dans les régions de Boundiali, Tengréla et à l'extrême nord d'Odienné, apparaissent de super groupes volcano-sédimentaires faits de métassédiments (schistes, quartzites, gneiss divers, quartzites à magnétites, roches à manganèse,...). Enfin l'on retrouve dans la région de Touba, un filon de dolérites qui est le prolongement de celles constituant l'essentiel de la structure géologique de la région des montagnes de l'Ouest de la Côte d'Ivoire.

I.2- Le relief et le modelé

La morphologie du domaine d'étude est la résultante des processus géologiques précédemment évoqués. Elle se résume en deux principaux aspects: le relief et le modelé.

I.2.1- Le relief

On y distingue des surfaces accidentées, des surfaces planes et des dépressions.

I.2.1.1- Les surfaces accidentées

Dans cette zone, les élévations sont surtout influencées par la ligne de faite du Fouta Djalon (1.538 m), prolongée par la Dorsale guinéenne (1.948 m), le massif de Man et le mont Nimba (1.753 m). Cet ensemble montagneux se dresse parallèlement à la côte du Sud-Est du Sénégal jusqu'au Nord-Ouest de la Côte d'Ivoire. Il se présente ainsi comme une marquetterie de Hortz de blocs basculés et de compartiments affaissés[21].

Le relief de notre domaine d'étude est ainsi dominé en hauteur par des montagnes, des massifs, des dômes et des chaînons.

I.2.1.2- Les surfaces planes et les dépressions

Elles sont le fait des bassins sédimentaires. L'étude du modelé permettra d'en donner de plus amples détails. Dans l'ensemble, tout comme la géologie de l'Ouest du continent, celle des régions nord-ouest de la Côte d'Ivoire présente des ensembles structuraux montagneux et des bassins sédimentaires. Ces domaines géologiques marquent fortement le paysage par la présence de sommets et massifs parsemés sur de vastes surfaces plus ou moins planes. Le relief du domaine d'étude se démarque donc de celui du reste des régions de savanes. Cette particularité influence l'évolution du temps par sa hauteur et par sa disposition.

---

[21] . TOUPET, 1966 cité par Pascal SAGNA, 1988.

Le relief intervient sur les principaux paramètres climatiques et affecte la répartition des pressions et de la circulation[22]. Il canalise et dévie les trajectoires des flux notamment en surface. La disposition des hauts sommets fait que son influence est modeste dans les couches moyennes de l'atmosphère. Le relief peut même provoquer des perturbations comme les lignes de grains[23]. D'où l'importance de l'étude de la circulation atmosphérique générale en Afrique de l'Ouest et dans les régions nord-ouest de la Côte d'Ivoire en particulier.

I.2.2- Le modelé

Le Centre et le Nord de la Côte d'Ivoire se caractérisent par la planité des horizons[24]. Ces paysages correspondent à des glacis développés entre 400 et 200 mètres, aux surfaces plates. Un examen en détail de ces reliefs permet de s'apercevoir que la monotonie des surfaces est fréquemment rompue par un talus de faible ampleur donnant une impression d'étagement. On peut distinguer plusieurs niveaux de terrains. Les deux plus élevés, issus d'une très haute surface Eocène qui culmine entre 600 et 800 mètres, et témoins d'un glacis du *Pliocène* supérieur entre 400 et 500 mètres, occupent peu de place.

En-dessous, trois niveaux forment l'ossature du relief. Le « *haut glacis* », daté du Quaternaire ancien, est le mieux représenté. Il apparaît sous forme de plateaux cuirassés en voie de démantèlement, soulignés par une corniche bien marquée. Le « *moyen glacis* », mis en place pendant le *Riss* et la période *Riss-Wurm*, s'individualise généralement sous la forme d'un versant en pente faible. Le « *bas glacis* », qui pourrait correspondre à une entaille du précédent, est le plus récent (110.000 BP) et peu fréquent.

Au sein de ces plateaux, deux types de modelés peuvent être dégagés. Le premier type est celui des plateaux cuirassés qui se présentent comme des surfaces tabulaires, rigides, horizontales ou à pente légèrement concave. Ces plateaux, cuirassés ou non, sont parfois surmontés de reliefs isolés ou groupés, comme posés sur ces surfaces plates et qui prennent l'aspect d'îles ou d'archipels. Ils appartiennent à trois types, liés à la nature du substratum : hautes buttes, collines et dômes (Chaléard, 1996).

---

[22] . Marcel LEROUX, 1983 op. cit..
[23] . Marcel LEROUX, 1983 cité par Pascal SAGNA, 1988.
[24] . ROUGERIE, 1972.

Ainsi, les hautes buttes tabulaires, aux flancs abrupts et concaves, et chapeautées de cuirasses ferrugineuses, s'inscrivent-elles dans les dolérites de la fin du Primaire. Elles sont regroupées en petits massifs, parfois élevés, comme dans la région de Touba, dans le Sud-Ouest savanicole, c'est le pays de hautes terres à l'échelle du domaine d'étude. Il correspond à l'extrémité nord de la Dorsale guinéenne. Les plateaux dépassent 400 mètres avec de nombreux massifs et montagnes dépassant 1000 mètres : exemple, les monts *Sangbé (1072 m.), Kourouba (1009 m)* à Booko (photo 1a), le massif de *Zahala*, etc. Les collines, aux versants convexo-concaves et en pente assez douce, sont le plus souvent associées à des alignements de bosses ou de chaînons (exemple : la chaîne de Booko, photo 1b). Ces collines correspondent à des affleurements de roches vertes, de grès ou de quartzites.

Photo 1 : Montagne et colline dans les régions nord-ouest ivoiriennes   (Diomandé, juin 2008)

Le Mont Kourouba (à gauche) et la chaîne de Booko (à droite en arrière plan).

Les plateaux rocheux ou d'inselbergs se distribuent dans le Denguélé où ils apparaissent sous forme de chaînons (la chaîne de Tiémé par exemple) ; mais aussi dans le Worodougou où les dômes granitiques, aux versants convexes, constituent des formes typiques du milieu tropical, allant du simple « *dos de baleine* » à peine marqué au « *pain de sucre* » aux flancs presque verticaux. Particulièrement spectaculaire quand ils émergent, isolés d'un glacis peu accidenté, ils se présentent le plus souvent en groupements pouvant aller jusqu'à de véritables champs d'inselbergs. C'est le cas du massif de *Fouémassa*, de *Sangana*, de *Fouévô*.... dans les régions de Diarabana et Séguéla au Sud-Est du domaine d'étude.

A l'Est du méridien de Boundiali, les surfaces planes l'emportent. Les altitudes ne dépassent 400 mètres que sur de rares interfluves, décroissent vers l'Est et le Sud où elles tombent en-dessous de 300 mètres dans le « v » baoulé. Seuls quelques reliefs alignés ou isolés rompent la monotonie d'ensemble. C'est le cas des chaînons qui dominent le glacis vers Téhini au Nord-Est, dans le Zanzan.

Au total, la géomorphologie de la Côte d'Ivoire septentrionale présente dans l'ensemble un relief plat et monotone issu d'une longue évolution géologique. Cela est cependant un peu contrasté sur toute la façade ouest du pays à cause de la Dorsale guinéenne. Ainsi, tandis que le Sud est le domaine de *plaines*, le Centre et le Nord quant à eux, se caractérisent par *les plateaux* et à l'Ouest *par les montagnes*[25]. La figure 7 illustre les types de modelé sur l'étendue de la zone d'étude. Les sols qui en résultent sont aussi diversifiés.

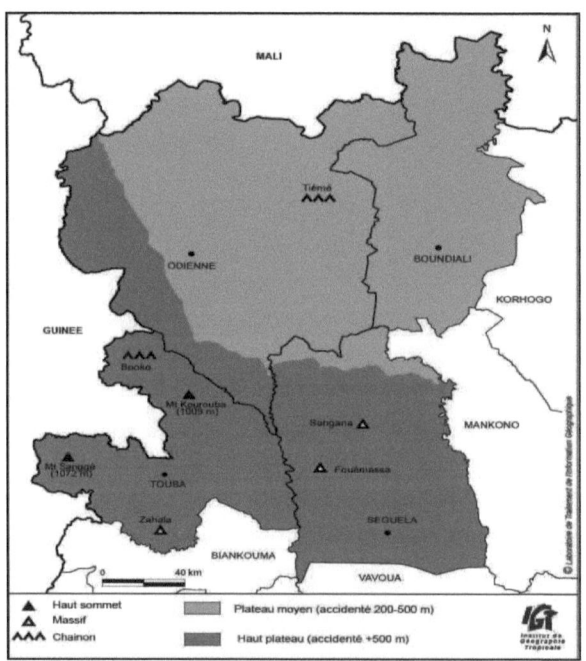

Figure 7 : Types de modelés dans les régions nord-ouest ivoiriennes   (Adaptée de l'Atlas de Côte d'Ivoire, 1971)

---

[25] Jean- Louis CHALEARD, « Temps des vivres, Temps des villes / l'essor du vivrier marchand en Côte d'Ivoire » 1996, Karthala, Paris, 634 p.

I.3- Les sols et les ressources en eau

Les *sols* et *l'hydrographie* des régions nord-ouest sont deux domaines indépendants. Cependant, ils ont des actions conjointes sur le climat et la végétation. Leur description laisse apparaître plusieurs informations.

I.3.1- Les sols

Pratiquement, toute la Côte d'Ivoire est couverte de sols ferralitiques, physico-chimiquement caractérisés par une capacité d'échange faible due aux constituants kaoliniques et aux sesquioxydes et par une quantité de bases échangeables (BE faible, PH bas) et un taux de saturation variable mais en général faible[26].

La pédologie des régions nord-ouest de la Côte d'Ivoire indique une différence avec le reste des régions de savanes avec tout d'abord, l'importance des cuirasses ; ensuite la grande diversité des sols (sensibles aux conditions du milieu) et enfin la dominance des sols ferralitiques moyennement et/ou faiblement désaturés et des sols ferrugineux tropicaux.

Au Sud et au Centre du domaine d'étude, il tombe en moyenne plus de 1500 mm de pluie par an. On trouve les sols ferralitiques moyennement désaturés, proches par leur texture de ceux de la forêt dense. Les sols ferralitiques faiblement désaturés recouvrent une grande partie du Nord. Ils correspondent à une pluviométrie comprise entre 1300 et 1500 mm de pluie par an. Ils sont en général moins profonds, un peu moins acides, plus riches en bases et en oxydes de fer que les sols de la forêt dense. Ils sont fréquemment indurés et présentent souvent des gravillons ferrugineux. Ce sont des sols qui peuvent constituer des complexes avec d'autres groupes de sols ou être tout simplement juxtaposés à eux (sols ferralitiques moyennement désaturés, sols bruns eutrophes, cuirasses). Ils supportent les forêts claires mais surtout les biomasses herbacées très denses (Chaléard, 1996).

Les sols ferrugineux tropicaux dominent dans les zones où les pluies sont inférieures à 1200 mm/an. On les rencontre au Nord-Est de Boundiali en pays sénoufo. Plus humifères, moyennement acides, un peu moins riches que les sols ferralitiques, ces sols présentent aussi une grande sensibilité aux phénomènes de lessivage et de concrétionnement (figure 8).

Il s'agit souvent de sols remaniés, élaborés à partir de matériaux ferralitiques. La qualité de ces sols (en valeur agricole) varie en fonction de l'importance de l'induration qui

---

[26] J.S. SIEMONSMA, 1997.

est un phénomène général au Centre et au Nord. Plus qu'en forêt, les conditions locales ont une grande importance, car les séquences sont très variées en savanes en fonction du climat, des héritages paléoclimatiques, de la topographie, de la roche-mère et de la végétation (Chaléard, 1996).

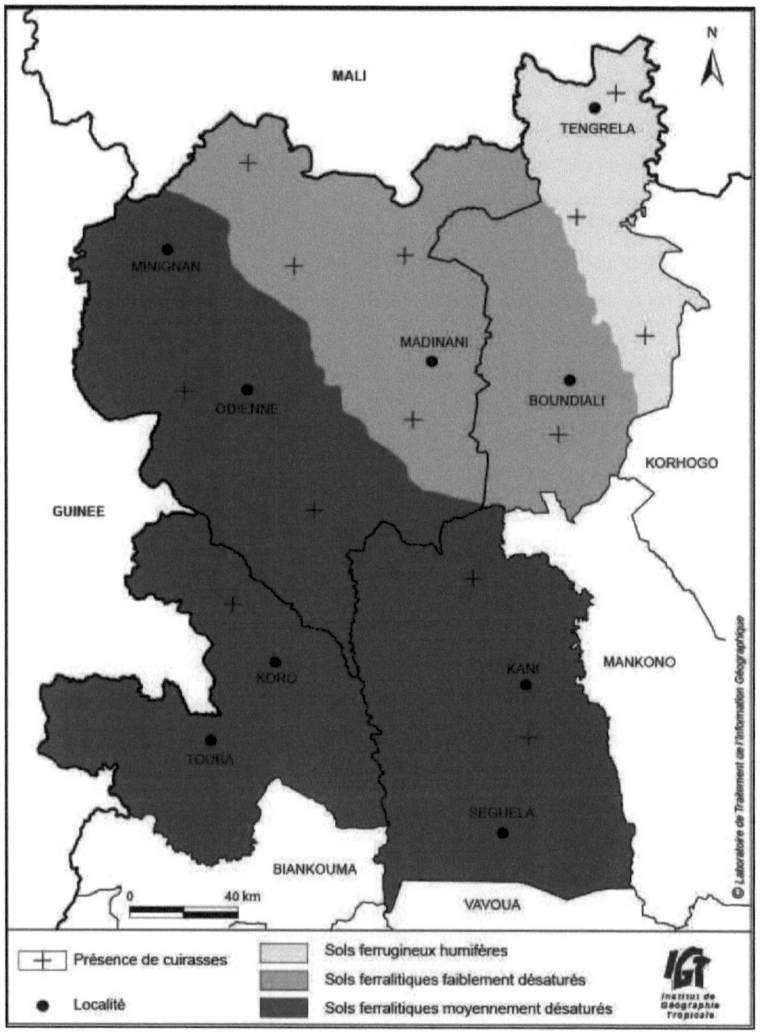

Figure 8 : Types de sols dans les régions nord-ouest ivoiriennes   (CNTIG, 2008)

I.3.2- Les ressources en eau

L'étude des ressources en eau des régions nord-ouest de la Côte d'Ivoire s'intéressera aux ressources *en eau de surface* et aux ressources en *eau souterraine*. Les eaux de surface comprennent l'ensemble des cours d'eau qui alimentent ce domaine géographique, mais aussi et surtout les étangs d'eau (lacs, barrages, etc.). Les eaux souterraines constituent également un potentiel hydrologique de valeur pour ces régions nord-ouest en raison de leur place de choix dans les programmes d'hydraulique.

I.3.2.1- Les eaux de surface

Le réseau fluvial est assez dense en Côte d'Ivoire. Dans l'ensemble, les fleuves présentent des régimes irréguliers (hautes eaux en crue ; basses eaux en étiage). Du Nord au Sud, ils sont peu navigables car les chutes et les rapides abondent. La plupart des fleuves en Côte d'Ivoire coulent dans un sens Nord-Sud. Quatre d'entre eux se révèlent plus importants. Ce sont de l'Ouest à l'Est : *le Cavally, le Sassandra, le Bandama, le Comoé* (tableau 2).

Tableau 2 : Caractéristiques des principaux fleuves en Côte d'Ivoire

Fleuve	Longueur (km)	Superficie du bassin versant (km²)	Débit moyen mensuel à l'embouchure (m³/s)
Cavally	700	30.000	600
Sassandra	600	75.000	575
Bandama	1050	97.000	400
Comoé	1160	78.000	300

(Source : Environnement et ressources aquatiques de Côte d'Ivoire, tome I, édition de l'Orstom, 1993).

Le drainage du Nord est assuré par le bassin du *Niger*. La ligne de partage des eaux se situe sur des plateaux de 400 à 500 mètres d'altitude selon une ligne sinueuse qui va de la frontière guinéenne au Sud-Ouest d'Odienné à la frontière malienne au Nord de M'Bengué. Les cours d'eau, affluents du *Niger*, s'écoulent dans de larges vallées en pente infime, excepté près de leur source. C'est le cas de la *Bagoé*. Les grands fleuves du pays sauf le *Cavally*, parcourent le Nord et le Centre pour se déverser dans l'Atlantique au Sud. Le *Cavally* prend sa source en Guinée, pénètre en Côte d'Ivoire par l'Ouest et longe cette frontière ouest jusqu'à l'Atlantique au Sud vers Tabou.

Des trois autres grands fleuves, *le Sassandra* prend sa source en Guinée, traverse le Nord-Ouest (région administrative du Denguélé), le Centre-Ouest (les régions de Touba et Séguéla) et se jette dans l'Atlantique par la ville de Sassandra qui porte son nom dans le Sud-Ouest. *Le Bandama* est un fleuve typiquement ivoirien. Il prend sa source dans la région de M'Bengué, traverse ainsi le Nord, le Centre baoulé et le Sud et atteint l'Atlantique à Grand-Lahou. Enfin, le fleuve *Comoé,* bienfaiteur du pays Lobi et Koulango (Nord-Est) prend sa source dans la région de Banfora (Burkina Faso). Ce fleuve, le plus long de la Côte d'Ivoire, traverse les régions orientales du pays (le Nord-Est et l'Est) qu'il draine et termine sa course dans la région de Grand-Bassam où il atteint la mer.

L'essentiel du drainage des régions nord-ouest de la Côte d'Ivoire est assuré par le seul grand fleuve *Sassandra*. Ses nombreux affluents plus ou moins importants par la longueur et le débit lui sont également d'un apport important dans ce rôle. Toute la zone d'étude, excepté l'extrême nord, la région de Tengréla, est parcourue par le *Sassandra*. Son influence s'étend sur la zone ouest de Boundiali avec des affluents du Niger tels que : *la Bagoé* qui alimente les régions de Boundiali et de Tengréla.

Ce domaine géographique bénéficie également du drainage de nombreux cours d'eau plus ou moins importants dont les débits sont influencés par la pluviométrie. On peut citer la *Boa,* le *Bafing* et le *Férédougoulé* dans la région administrative du Bafing ; le *Banifing*, le *Baoulè*, le *Dégouni*, le *Kô* et le *Sien* dans le Denguélé et enfin l'*Oumani*, le *Tyemba* et le *Yani* dans la région administrative du Worodougou (figure 9).

Certaines retenues d'eau comme les barrages méritent d'être notés car enrichissant les ressources en eau du domaine d'étude. Ce sont : *Sodiamci, Washington, Badala, Doundala* et *Madinani.* Mais la liste n'est pas exhaustive (tableau 3).

Tableau 3 : Caractéristiques de quelques barrages dans le domaine d'étude

Barrage	Bassin versant	Superficie estimée du bassin (km²)	Capacité de stockage estimée du barrage (m³)	Localisation géographique
Sodiamci	*Kohoulé*	800	430	Worodougou
Washington	*Lègbogo*	500	360	Worodougou
Badala	*Boa*	800	500	Bafing
Doundala	*Baoulè*	500	400	Denguélé
Madinani	*Kô*	100	200	Denguélé

(Source : Direction des ressources hydrologiques, 2008).

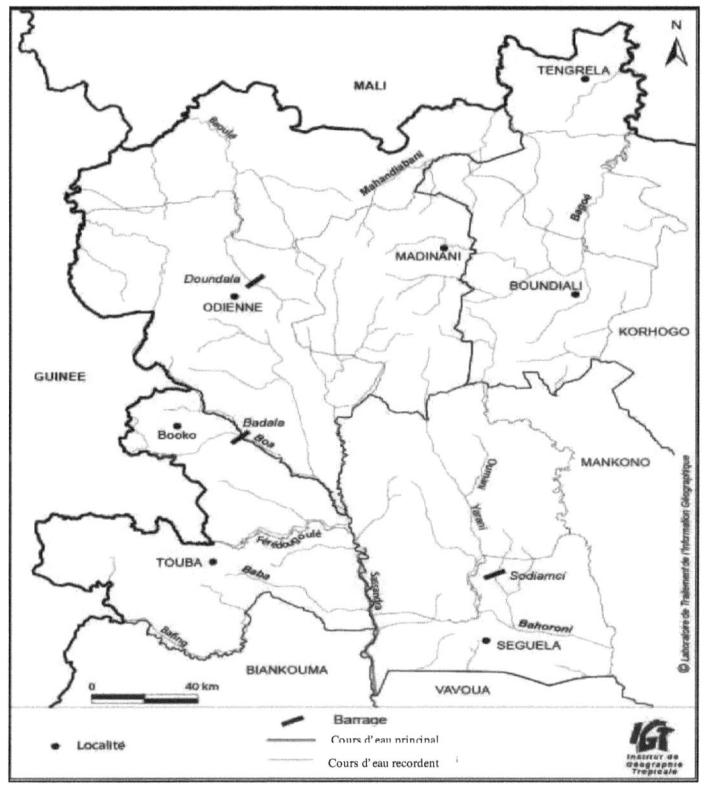

Figure 9 : Réseau hydrographique des régions nord-ouest ivoiriennes (Adaptée de l'Atlas de Côte d'Ivoire, 1971)

I.3.2.2- Les eaux souterraines

Les eaux souterraines sont disponibles partout en Côte d'Ivoire, mais dans des conditions très variables de stockage et d'accessibilité. Les trois principales formations hydrogéologiques de la Côte d'Ivoire sont :

• le « socle » granito-gneissique dont la partie altérée est caractérisée par une profondeur moyenne de 57.2 m, une épaisseur de 21.3 m, un niveau d'eau statique de 10,5 m et un rendement moyen par forage de 3 m^3/h ;

42

• le sédimentaire ancien métamorphosé (à dominante schisteuse) pour lequel la profondeur moyenne des ouvrages, l'épaisseur de la partie altérée, le niveau d'eau statique et le rendement moyen sont respectivement de 63 m, 28,4 m, 17,4 m et 3,3 m^3/h. Les nappes d'altération ou d'arènes et les nappes de fissures sont les deux types d'aquifères qui peuvent y être exploités.

• le bassin sédimentaire côtier ou aquifère général est lithologiquement divisé en sable argileux, sable moyen, sable grossier et sable fin dans l'ordre descendant. La profondeur des ouvrages, le niveau statique et le rendement moyen par forage sont respectivement de 50,1 m, 21,7 m et 9,6 m^3/h. L'épaisseur de l'aquifère varie de 50 à 150 m sous la zone de plateau et plus de 200 m sous la lagune Ebrié et la zone côtière (Jourda, 1987).

Les formations sédimentaires du bassin côtier s'épaississent graduellement du Nord au Sud vers les lagunes côtières. Les composantes dominantes de ces formations sont au nombre de trois.

• les sables quaternaires contiennent des nappes vulnérables à la pollution et à l'intrusion du biseau salé car leur surface libre est à faible profondeur sous le sol. Les réserves d'eau douce exploitables sont de ce fait très minimes et d'un intérêt local ;

• le Continental Terminal contient l'aquifère principal du bassin côtier, utilisé notamment pour l'alimentation en eau potable d'Abidjan. Du Sud au Nord, il s'étend des lagunes jusqu'aux affleurements du socle sur plus de 20 km à partir d'Abidjan. Ces affleurements se poursuivent sur plus de 100 km d'Est en Ouest ;

• le Crétacé constitue un biseau qui s'insère au Nord de la faille de bordure du bassin sédimentaire côtier entre le socle cristallin et les sables du Continental Terminal dont il n'est pas vraiment séparé. De ce fait, la nappe des sables crétacés se présente comme l'extension vers le bas de celle du Continental Terminal (Jourda, 1987).

II- Le cadre climatique

Son analyse nous permettra d'expliquer les phénomènes météorologiques dans notre domaine d'étude. Nous nous intéresserons par conséquent aux *migrations de l'Equateur Météorologique* en Côte d'Ivoire *et les différentes formes de pluie dans le domaine d'étude*. Ces différents facteurs faciliteront la compréhension des *caractéristiques climatiques* des régions nord-ouest de la Côte d'Ivoire.

II.1- Les migrations de L'Equateur Météorologique en Côte d'Ivoire

Au niveau de la Côte d'Ivoire, le mouvement annuel de l'Equateur Météorologique se fait de façon cyclique. A chacun des douze mois de l'année correspond une position spécifique. Le mouvement s'inscrit globalement dans un gradient latitudinal nord-sud (entre 6° et 23° Nord). Le mois de janvier correspond ainsi au démarrage de la remontée de l'Equateur Météorologique et 6°N en constitue le point de départ. En février, il atteint le 7° de latitude nord. Pendant la période hivernale de l'hémisphère nord, la puissance de cellule anticyclonique des Açores au Nord est renforcée. Il en est de même pour la cellule Saharo-libyenne. Par conséquent, la circulation inverse (remontée de mousson vers le Nord) s'avère timide. En mars on observe une double attitude. Dans la première quinzaine du mois, le mouvement est assez lent comme en janvier et février. Cependant, dans la deuxième quinzaine, on observe un mouvement d'ascension plus accéléré, notamment dans la dernière décade. En surface, cette situation se traduit par un changement de saison.

C'est ainsi qu'en Côte d'Ivoire et principalement dans les régions de savanes, le mois de mars marque la rupture avec la saison sèche. C'est le début de l'hivernage ou de la période pluvieuse. Ce mois constitue donc celui de la transition saisonnière dans notre domaine d'étude. Le mois d'avril se caractérise par un véritable rebond en latitude. Ici la migration est importante (entre 3 et 4°). En mai, on observe une constance dans cette migration. Le mois de juin présente un double visage dans l'observation du mouvement : un début lent contre une remontée importante dans la dernière moitié du mois. Juillet marque une position très septentrionale (autour de 20°N). Cela se traduit dans le domaine d'étude, et par delà partout en Côte d'Ivoire, par une prépondérance de la mousson. Au mois d'août, la remontée s'achève. L'Equateur Météorologique se situe à 22°N en moyenne journalière, mais peut atteindre certains jours 23 voire 25°N. C'est la position extrême au Nord de l'Equateur Météorologique et donc la fin de la **phase aller** de la migration amorcée depuis le mois de janvier (figure 10).

La **seconde phase** de la migration est celle d'une descente de 22°N en direction de l'équateur géographique. Compte tenue de l'influence de la mousson, qui souffle en provenance de cette région, dans une direction Sud-Ouest / Nord-Est, la rencontre des deux flux a lieu au niveau de 22°N en moyenne pour le mois d'août. Le mois de septembre constitue donc l'étape initiale du mouvement de retour. Au niveau journalier, l'observation indique la première quinzaine de septembre dans des positions très hautes (20-21°N) alors que la seconde se caractérise par une baisse latitudinale sensible jusqu'au 18 voire 17° Nord. En octobre, c'est une descente très accélérée qui est constatée avec parfois un pas de marche très rapide (5°). Des oscillations horaires et même journalières y sont également importantes. Le même phénomène s'observe au mois de novembre, c'est-à-dire une descente forte avec une vitesse considérable ; les variations par tranche de trois heures et journalières (notamment entre la première quinzaine et la seconde) apparaissent aussi nettement.

Cette situation, un peu particulière en octobre et en novembre, pourrait s'expliquer par la rupture entre la saison des pluies écoulée et le début d'une nouvelle saison sèche. Ces modifications importantes, qui apparaissent dans la migration, annoncent le mois de janvier, qui, justement, marque la fin du cycle en cours et le début d'un autre (figure 10). Mais déjà en décembre, des signes de la saison sèche apparaissent dans nos régions.

En surface, l'Equateur Météorologique marque la zone de rencontre entre deux types de flux dans nos régions. Au Sud de cet Equateur Météorologique, c'est la mousson chargée d'humidité et facteur de pluviogenèse dans le domaine d'étude. Au Nord, c'est l'alizé continental qui est un flux stérilisant. Durant tout le cycle de l'Equateur Météorologique, on peut ainsi distinguer deux types de zones au début de chaque phase migratoire. En janvier, la rencontre des deux flux a lieu au niveau de 6°N. En ce moment, les ¾ du territoire ivoirien, soit de 6° au 10°50'N, et par conséquent tout notre domaine d'étude, sont recouverts par l'alizé continental. C'est *la saison sèche*. Les régions nord-ouest sont sous l'influence de l'alizé continental qui se caractérise par un air sec; c'est *l'harmattan* (figure 11A).

En revanche, au mois d'août qui marque la fin de la remontée et le début du recul, l'Equateur Météorologique est au niveau de 22°N. C'est la latitude moyenne maximale de la migration. Cela se traduit par une mousson plus forte et s'explique par le renforcement de la puissance de la cellule anticyclonique australe (anticyclone de Sainte-Hélène). Toute la zone en-dessous de l'Equateur Météorologique est couverte par la mousson. Elle s'étale en ce moment sur toute l'étendue du territoire ivoirien et par conséquent sur les régions nord-ouest de la Côte d'Ivoire. La circulation de la mousson est favorable aux pluies sur l'ensemble du domaine d'étude. C'est la saison pluvieuse ou *hivernage*. Le mois de mars en est le début et les pics ou optimums pluviométriques correspondent aux mois de juillet, août et septembre dans les régions nord-ouest du pays (figure 11B).

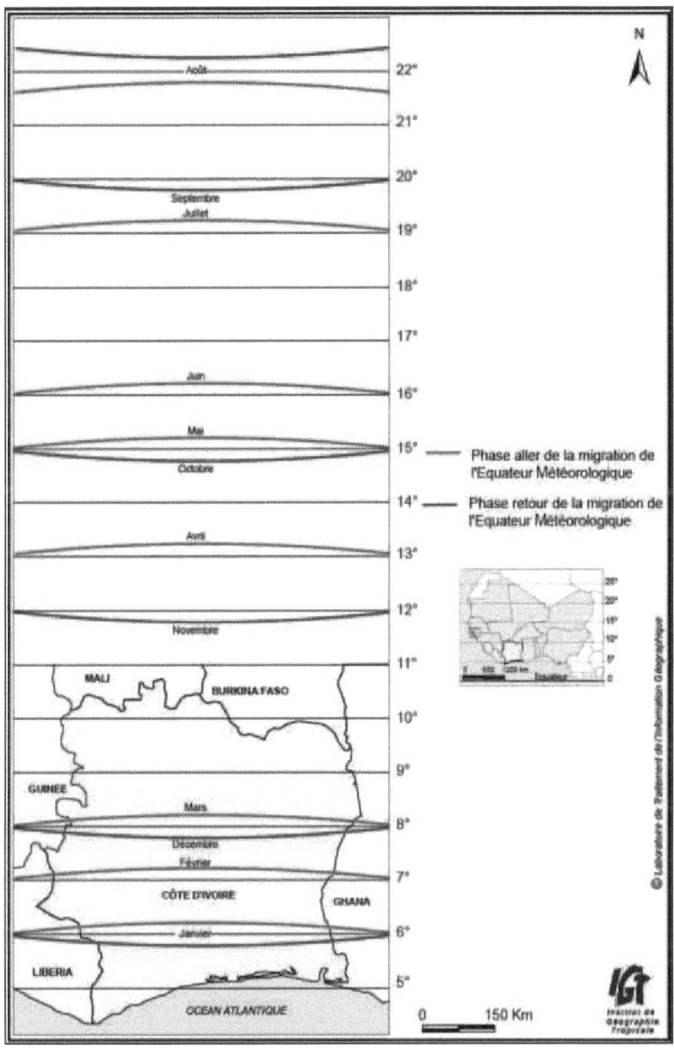

Figure 10 : Positions moyennes mensuelles de l'Equateur Météorologique par rapport
à la Côte d'Ivoire en 2007 (Diomandé, 2008)

46

En remarque, nous constatons que dans le mouvement de migration de l'Equateur Météorologique en Afrique de l'Ouest, deux zones spécifiques peuvent être observées. En dessous de 6°N, nous avons la zone littorale de Côte d'Ivoire où il y a une emprise permanente de la mousson toute l'année. Cette emprise de mousson se prolonge dans l'Ouest montagneux du pays en raison de l'intense activité orographique dans cette région. En revanche, au-dessus de 22°N, c'est la présence permanente de l'alizé continental. Dans les régions nord-ouest de la Côte d'Ivoire, la fin du mouvement de remontée correspond à l'hivernage tandis que la fin du recul marque la saison sèche.

N.B : *le rapport de stage à l'ASECNA sur les différentes positions de l'Equateur Météorologique au niveau de la Côte d'Ivoire sont indiquées en **Annexe 1**.*

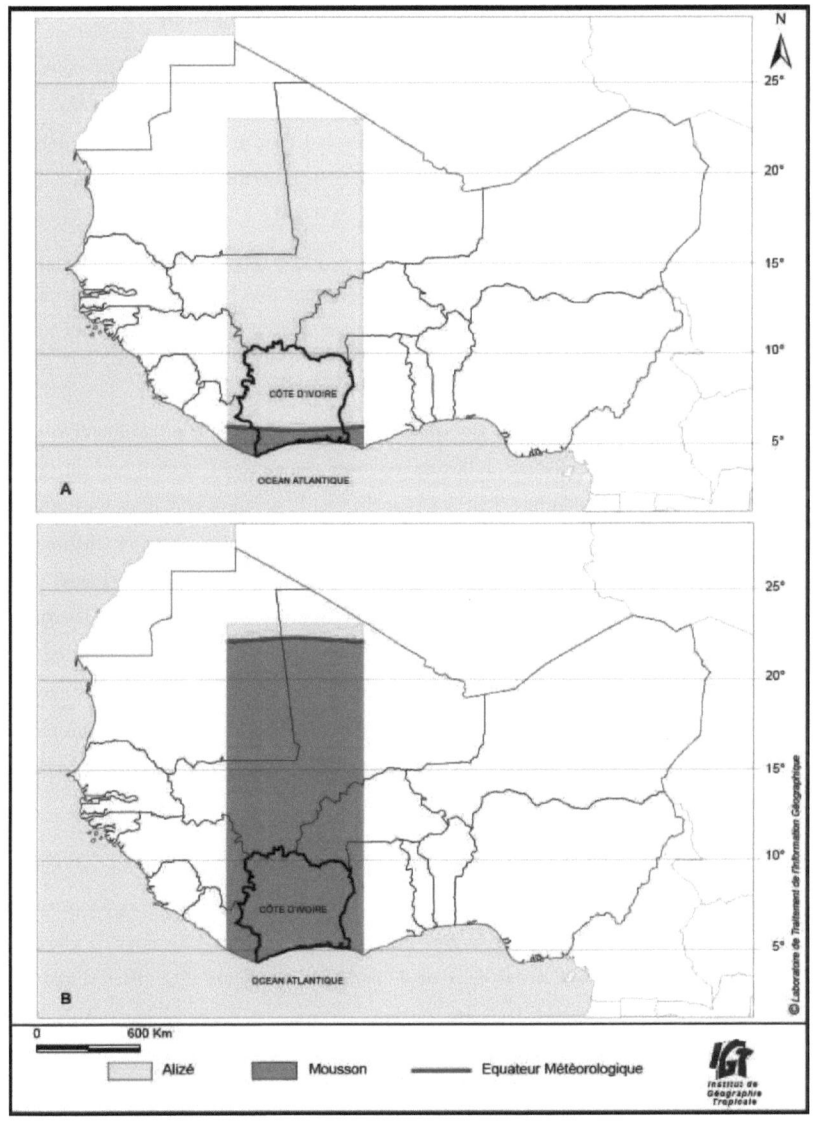

Figure 11 : Positions de l'Equateur Météorologique en janvier (A) et en août (B) par rapport à la Côte d'Ivoire
(Diomandé, 2008)

II.2- Les formes de pluie dans les régions nord-ouest de la Côte d'Ivoire

En Côte d'Ivoire, et particulièrement dans sa façade nord-ouest, les précipitations sont de plusieurs origines. Les plus fréquentes sont alternativement liées à l'orographie, à la convection locale, à la Partie Active de l'Equateur Météorologique ou aux lignes de grains qui sont des perturbations mobiles.

II.2.1- Les précipitations orographiques

Elles sont liées à la position du relief par rapport aux flux humides. Elles se déversent surtout sur les « *versants au vent* ». Les « *versants sous le vent* » enregistrent des totaux pluviométriques moins élevés (figure 12A).

Ainsi, le Fouta-Djalon et la Dorsale guinéenne constituent-ils un utilisateur fixe du potentiel précipitable advectée par le flux de mousson. Cet ensemble accroît les hauteurs de pluie enregistrées par rapport aux régions environnantes. L'accroissement de la pluviométrie dépend de plusieurs facteurs : l'augmentation de l'altitude, les caractères thermiques, hygrométriques et l'épaisseur de la couche humide des flux advectés. Il dépend aussi de la vitesse avec laquelle le flux, vecteur d'eau précipitable, affronte le relief et de l'orientation générale de celui-ci par rapport à ce flux. Le surcroît des précipitations est enfin lié aux caractéristiques du relief lui-même, à sa forme, à son étendue et à la vigueur de ses pentes. En effet, des pentes faibles permettent de gravir progressivement le relief tandis que des pentes abruptes forment un barrage qui oblige le flux advecté à s'élever (figure 12B). Cela constitue un élément favorable à la pluviogenèse[27].

Cependant, on parle de *convection locale ;* lorsque le réchauffement du sol entraîne celui de l'air qui, ainsi allégé, s'élève, créant par ce fait une zone d'instabilité et d'ascendance propice au développement des formations nuageuses qui peuvent provoquer la chute de précipitations. Il s'agit dans ce cas de *pluie de convection[28]* (figure 12C). Par exemple, on peut en avoir à Dakar et non à Rufisque ou avoir des pluies à Abobo et non à Adjamé. A l'échelle du domaine d'étude, l'on peut observer des chutes de pluie à Férémandougou et non à Bako, à Niokosso et non à Karamotiédougou, à Boby et non à Dualla, etc.

---

[27] Pascal SAGNA, 1988, op. cit.
[28] . Rémy Knafou, « Les hommes et la terre » Géographie 2è édit., Belin, 1996, Paris, 270 p.

II.2.2- Les précipitations liées à la Partie Active de l'Equateur Météorologique

La Partie Active de l'Equateur Météorologique correspond à la structure Z.I.C (Zone Intertropicale de Convergence) (Leroux, 1983). C'est la Structure Verticale de l'Equateur Météorologique (*SVEM*) (Sagna, 1988). Elle est le siège de précipitations continues appelées parfois « *pluies de mousson* » qui accompagnent sa migration en latitude. La Partie Active de l'Equateur Météorologique offre des conditions particulièrement favorables aux mouvements ascendants et aux développements des formations nuageuses (figure 12D). En effet, elle est à la fois l'axe des Basses Pressions Intertropicales, l'axe des confluences des circulations issues des deux hémisphères et l'axe de concentration de la vapeur d'eau advectée sous les inversions. A son niveau, les conditions dynamiques et énergétiques les plus favorables sont réunies pour le développement sans entrave des mouvements ascendants ; d'où des précipitations continues. C'est pourquoi, les régions soumises à son influence jouissent d'une sécurité et d'une efficacité pluviométriques plus grandes[29]. La saisonnalité apparaît donc comme le trait caractéristique fondamental des pluies de mousson dans les régions nord-ouest de la Côte d'Ivoire.

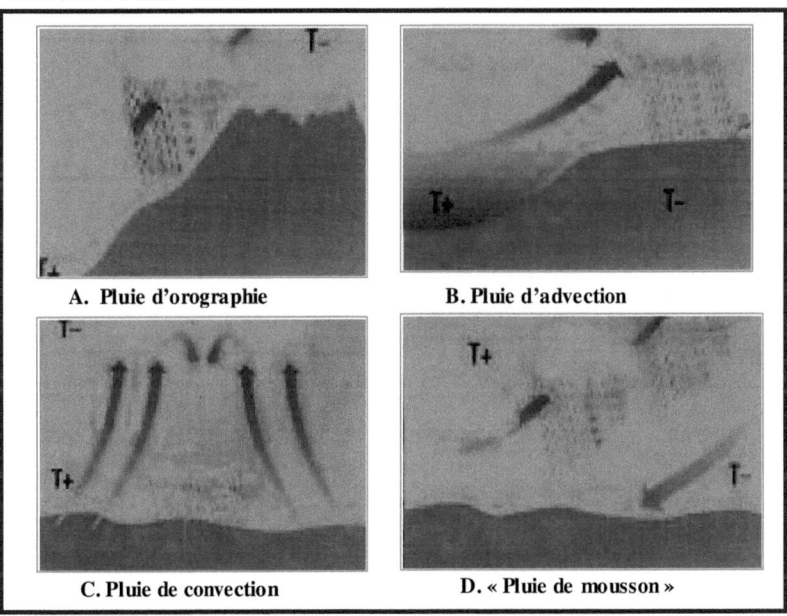

A. Pluie d'orographie

B. Pluie d'advection

C. Pluie de convection

D. « Pluie de mousson »

Figure 12 : Formes de pluie dans les régions nord-ouest ivoiriennes   (Knafou. 2001)

---

[29] .Marcel LEROUX, 1983, op. cit.

II.2.3- Les précipitations liées aux lignes de grains

Selon J. Bayo Omotosho (1984), cité par Sagna P. (1988), les lignes de grains sont enclenchées lorsque le noyau de vents d'Est se trouve au-dessus ou près de la zone maximale d'instabilité. Il peut dans ce cas, non seulement entraîner la formation d'une ligne de grains, mais aussi il assure l'orientation de son déplacement (figure 13). L'ampleur de la confrontation entre le Jet d'Est Africain et le flux de mousson détermine la violence de la ligne de grains et l'importance des précipitations déversées qui ont un caractère essentiellement orageux. Ces perturbations intéressent surtout la Structure Inclinée de l'Equateur Météorologique. Les précipitations qui en résultent sont le fait de nuages à grand développement vertical du type *cumulus* et *cumulonimbus*. Ces formations nuageuses exigent, pour se développer, une forte instabilité, une alimentation suffisante en eau et d'importants mouvements ascendants[30]. Ces perturbations sont régulièrement observées dans le domaine d'étude.

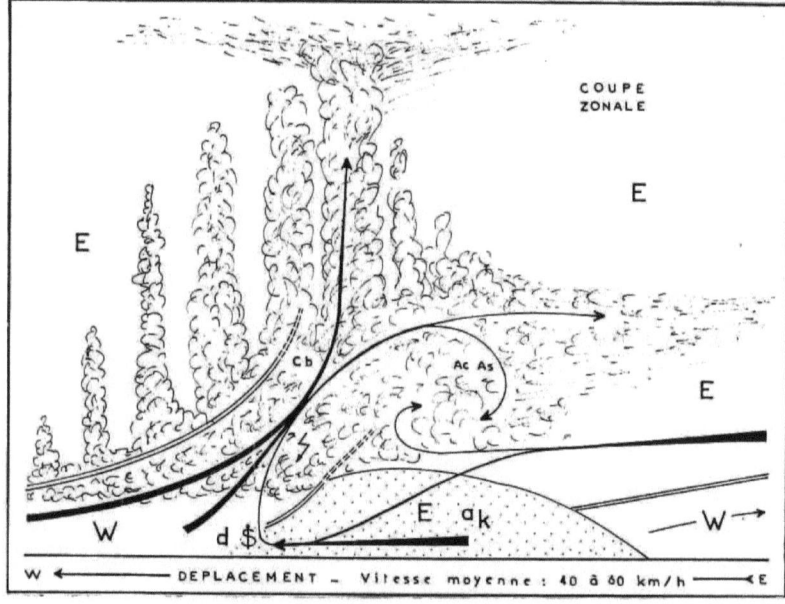

Figure 13 : Déplacement d'une ligne de grains   (Leroux, 1983)

---

[30] .Pascal SAGNA, 1988.

De l'étude du cadre météorologique de l'Afrique de l'Ouest, il ressort que les différents flux utilisent les potentialités disponibles dans un cadre physique et aérologique et les transforment en potentiel précipitable. Le cadre aérologique des régions nord-ouest de la Côte d'Ivoire s'inscrit dans ce vaste champ météorologique ouest africain avec quelques caractéristiques singulières. Mais cette circulation atmosphérique générale ouest-africaine et même ivoirienne a des réponses locales. C'est pourquoi, les régions nord-ouest de la Côte d'Ivoire ont des caractéristiques climatiques qui leur sont propres.

II.3- Caractéristiques climatiques du domaine d'étude

Par comparaison au Sud forestier du pays, qui se caractérise par un climat humide et chaud, le Centre et le Nord, domaine des savanes quant à eux, connaissent des climats contrastés, fortement marqués par les rythmes saisonniers. C'est un domaine *soudanien* qui sert de transition entre le climat subéquatorial du littoral et de la forêt et le climat sahélien aux latitudes supérieures au Nord de la Côte d'Ivoire. Le climat soudanien est une sous-variante du climat tropical humide. A l'échelle du domaine d'étude, deux domaines climatiques peuvent être observés selon les caractéristiques propres à chacun d'eux. Ce sont : le climat *sud-soudanien au Sud* et le climat *nord-soudanien au Centre et au Nord*.

II.3.1- Le climat sud-soudanien

On distingue un domaine *sud-soudanien* entre 8° et 9°N. Il se caractérise par une pluviométrie abondante par rapport aux autres régions du domaine d'étude. Ici, l'aspect du couvert végétal tend vers le domaine forestier du Sud du pays. Ce climat est beaucoup influencé par la dynamique de l'orographie des montagnes, mais aussi par sa proximité de la zone forestière du Centre-Ouest du pays et de l'Ouest montagneux, c'est-à-dire les régions de Vavoua et de Biankouma (figure 14).

II.3.2- Le climat nord-soudanien

Le climat *nord-soudanien* s'observe au-dessus de 9°N (entre 9° et 11°N précisément). Il couvre le reste du domaine d'étude. Il s'agit notamment des régions du Centre et du Nord de ces régions. Au Centre, la pluviométrie est forte à cause de la Dorsale guinéenne. Les totaux annuels atteignent 1600 mm. Mais, en allant vers le septentrion, ces quantités baissent considérablement (autour de 1200 mm/an). Les effets orographiques n'apparaissent plus dans ces régions très reculées au Nord du domaine d'étude (figure 14).

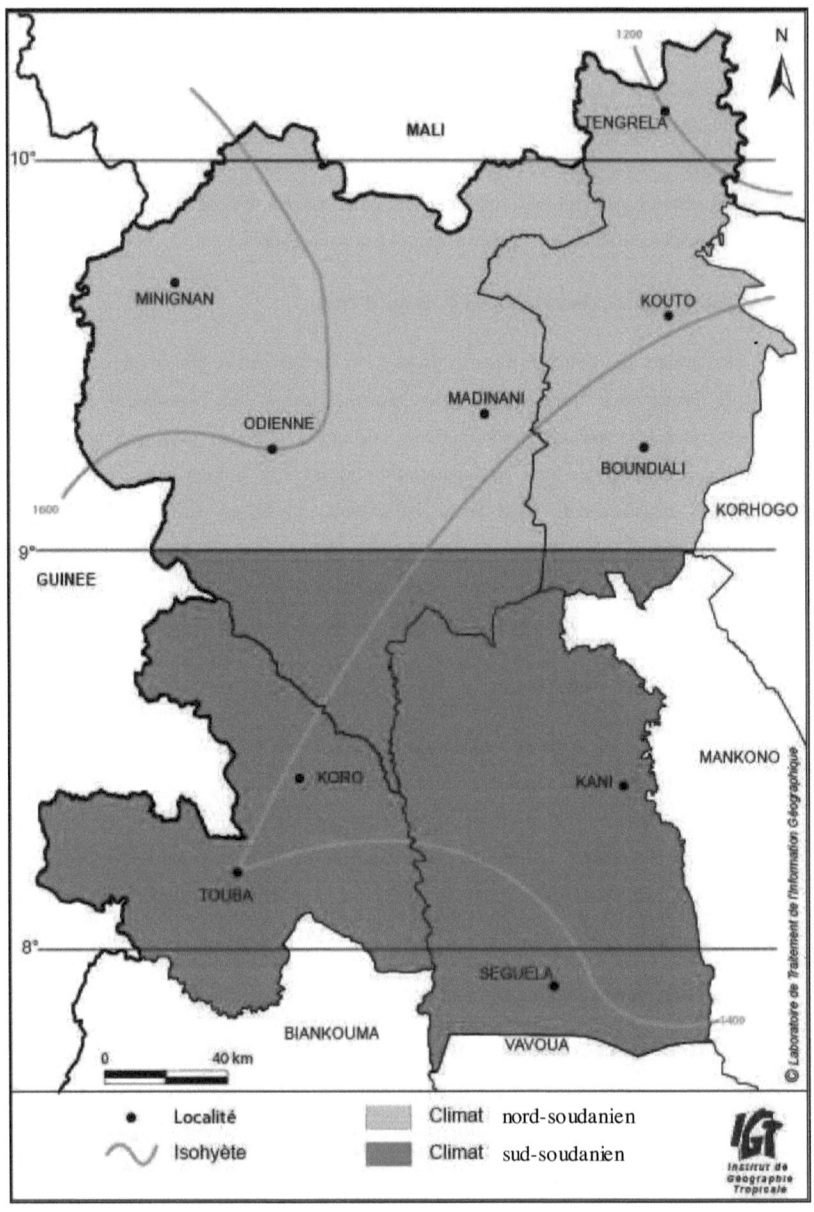

Figure 14 : Climats soudaniens dans les régions nord-ouest ivoiriennes   (Diomandé, 2008)

Pour l'ensemble des régions nord-ouest de la Côte d'Ivoire, les températures moyennes sont légèrement plus élevées que celles du Sud forestier et lagunaire. Elles varient entre 26° et 27°C par an. L'amplitude thermique est peu élevée (5 à 6°C par an). L'insolation a une durée moyenne annuelle comprise entre 170 et 200 H. Les vents sont régis par les phénomènes atmosphériques généraux de la zone tropicale. A titre d'exemple, en 2000 à la station d'Odienné, les observations météorologiques étaient les suivantes (tableau 4).

Tableau 4 : Données climatiques mensuelles moyennes de la station d'Odienné en 2000

Désignation	J	F	M	A	M	J	J	A	S	O	N	D
P (mm)	2	62	36	58	62	105	126	128	213	123	147	9
ETP (mm)	129	142	158	148	148	126	123	120	135	127	106	130
Evapo. (mm)	159	191	314	//	//	//	//	62	71	93	108	114
Hygro.(%)	47	56	59	71	73	78	77	79	//	78	51	60
Tmax (°C)	35,4	35,8	36,5	34,2	33,7	30,9	30,3	29,5	30,4	31,7	33,0	33,6
Tmin (°C)	18,4	21,3	23,0	22,6	21,3	21,2	21,1	21,2	20,9	19,9	20,0	19,1
Tmoy. (°C)	26,9	28,5	29,7	28,4	27,5	26,0	25,7	25,3	25,6	25,8	26,5	26,3
Δ°C	17	14,5	13,5	11,6	12,4	9,7	9,2	8,3	11,8	11,8	13	14,5
Insolat.(H)	264	236	208	97	//	202	186	134	126	147	196	219

(Source : CNRA, 2000)   //= bulletins non disponibles

P= pluviométrie / ETP= évapotranspiration potentielle / Evapo= évaporation / Hygro= hygrométrie

Tmax= température maximale / Tmin = température minimale / Insolat.= insolation

Tmoy= température moyenne / Δ°C : amplitude thermique

Ces régions sont donc régulièrement balayées en surface par des alizés continentaux et par la mousson. En altitude, on retrouve des jets de la zone tropicale. La circulation de ces vents et leurs différentes combinaisons sont à l'origine des pluies. Les quantités d'eau précipitées ou précipitables sont fortement liées au balancement de l'Equateur Météorologique.

Moins que le Sud et l'Ouest du pays, le Centre et le Nord reçoivent donc moins de pluie pour plusieurs raisons : l'éloignement de l'équateur géographique pour la mousson plus humide, l'éloignement des côtes pour la macro-rugosité qui est une source de pluie, et enfin certaines de ces régions bénéficient moins des pluies orographiques causées par les élévations de la Dorsale guinéenne.

Seules les régions de Touba et d'Odienné et dans une moindre mesure, leurs régions associées plus continentales (respectivement Séguéla et Boundiali), dans notre domaine d'étude, ont un mésoclimat[31]. Cela explique les totaux pluviométriques élevés dans ces régions (environ 1500 mm/an en moyenne) contre 1100 mm en moyenne par an à Bouaké en dépit de sa position assez basse en latitude et contre seulement 1000 mm/an en moyenne à Bouna (Nord-Est) pourtant aligné sur la latitude d'Odienné. Cette région du Nord-Est de la Côte d'Ivoire apparaît comme la moins arrosée car elle est très loin des côtes maritimes et très loin de la Dorsale guinéenne. La saison sèche y dure quasiment sept à huit mois contre cinq à six dans le domaine d'étude.

Cette répartition contrastée de la pluviométrie, entre d'une part la zone forestière et celle des savanes et d'autre part, entre le domaine d'étude et le reste des régions de savanes de Côte d'Ivoire, explique la diversité de la végétation dans ces milieux.

III- La végétation

Les formations végétales sont fonction du découpage climatique. Du Sud au Nord, on observe une variété de composantes savanicoles réparties en trois grandes familles ou secteurs. Ce sont successivement le secteur *préforestier*, le secteur *boisé* et enfin le secteur *arboré*.

III.1- Le secteur savanicole mésophile ou préforestier

Entre 8° et 9°N, c'est le climat sud-soudanien constituant une transition entre la forêt mésophile du Sud et la savane. Il s'agit d'une mosaïque forêt-savane appelée communément *paysage préforestier*. C'est la formation caractéristique dans le « V » baoulé et au Sud du domaine d'étude (les régions de Séguéla et Touba). Ce paysage se particularise par de vastes espaces herbeux où les arbres sont relativement moins abondants, disséminés en bosquets de petites tailles ou isolés. Le tapis végétal est dense et composé d'herbes de grande taille dont les caractéristiques sont *Panicum phragmitoïde, Andropogon macrophyllus et Hypparrhénia spp.* Ces savanes sont inégalement parsemées de petits arbres d'origine souvent septentrionale. Les espèces arborées sont peu nombreuses et en général une ou deux essences dominent, caractérisant le faciès : savanes à rônier ou savanes palmoïdes (*Borassus aethiopum*) du pays baoulé (au Centre du pays), savanes à *Daniella oliveri* autour de Séguéla, savanes à *Terminalia glaucescens* vers Touba, etc. (figure 15).

---

[31] . Un microclimat de type soudanien fortement influencé par l'orographie.

Figure 15 : Haute savane préforestière dans la région de Touba (Chaléard, 1996)

Le passage de la forêt dense à la savane se fait presque toujours de manière nette. Venant de la forêt, formation fermée, où l'atmosphère est moite, le voyageur est sensible au changement de paysage, à la lumière et à la découverte des horizons[32].

La forêt mésophile se maintient sous forme de lambeaux ou de bosquets. Ces îlots sont localisés sur des sols qui ralentissent l'eau, notamment ceux issus des schistes, et autour des villages, sous forme d'anneaux forestiers dont un des rôles est la protection contre les feux. Le long des cours d'eau se développent des forêts galeries qui remontent assez loin vers le Nord et parmi lesquelles on peut distinguer deux types. Les forêts ripicoles qui couvrent les berges des grands cours d'eau. Elles se caractérisent par des individus de grande taille, aux cimes plus ou moins isolées, dominant une strate arborescente inférieure très dense. Ce sont par exemple le fromager (*Ceiba pentandra*) ou le bété (*Mansonia altissima*). Les galeries forestières qui longent les petits cours d'eau et les marigots, sont plus nombreuses. Elles se distinguent par la présence de *Cola carifolia (Chaléard, 1996).*

Au total, dans la zone préforestière, le paysage apparaît, bien souvent, comme une mosaïque forêt-savane où la forêt mésophile occupe les hauts des versants et les pentes, et les

---

[32] . Jean-Louis CHALEARD, 1996, op.cit.
[62] . la savane boisée se caractérise par la présence d'arbres et d'arbustes, tous de plus de 10 m de haut et formant un boisement ouvert laissant largement passer la lumière (Sané T, «la variabilité climatique et ses conséquences sur les activités humaines en Haute Casamance», doctorat de 3è cycle, Départ. Géographie, UCAD, Dakar).

galeries forestières les fonds de vallées. Ces formations de hautes savanes et forêts sont le résultat d'une pluviométrie assez abondante dans les régions ceinturées par les isohyètes allant de 1400 à 1500 mm/an.

III.2- Le secteur savanicole boisé

Au-dessus du 9ième parallèle, l'aspect du paysage change. C'est le climat *nord-soudanien*. Le paysage se spécifie par une densification très nette de la strate arborée de taille basse. C'est le domaine de la savane boisée. En fonction de la nature et de la densité des arbres, on peut dégager trois types de formations végétales distinctes.

D'abord, entre le 9ième et le 10ième parallèle, un paysage de *forêts sèches* est concentré sous forme d'îlots localisés dans les vallées ou sur les interfluves étroits. Ces forêts sont proches par leur physionomie des petits massifs forestiers méridionaux qu'elles prolongent bien souvent. Trois strates s'y dégagent. La plus haute atteint trente mètres et est composée d'essences de la forêt mésophile tels que le fromager (*Ceiba pentandra*) ou l'iroko (*Chlorophora excelsa*), mais aussi d'essences typiques de la zone soudanienne comme le mélègba (*Berlinia confusa*) ou le lingué (*Afzelia africana*). La strate suivante, formée de sous-ligneux très denses, associe également des espèces de flores guinéenne et soudanienne. Enfin, on observe le sous-bois, clair et dépourvu de graminées de savanes mais riche en *géophytes* et en *nanophanérophytes* [33] (figure 16).

Ensuite, dans les aires ceinturées par les isohyètes de plus de 1200 mm de pluie par an et où la saison sèche atteint six voire sept mois consécutifs parfois, on trouve des champs de forêts claires et de savanes boisées qu'il est difficile de distinguer les uns des autres[34]. Ce type de formation est le plus répandu en Côte d'Ivoire au nord du 9ième parallèle. En fait, la forêt claire est un milieu boisé, mais ouvert avec deux strates. La strate supérieure est composée d'arbres de taille moyenne (8 à 20 m.), aux fûts gris et souvent tortueux, à l'écorce rugueuse et craquelée et aux canopées vert foncé en saison des pluies. Leurs bosquets peuvent être jointifs par leurs houppiers[35]. Les plus représentatifs sont *Isoberlinia doka*, *Terminalia glaucescens*, ou parmi les plus utiles, le néré (*Parkia biglobosa*) et le karité (*Butyrospermum parkii ou Vitallaria paradoxa*). Les essences qui peuvent dépasser 25 mètres telles que

---

[33] . AUBREVILLE, 1949.
[34] . ROUGERIE, 1972, op.cité.
[35] .RIOU, « L'eau et les sols dans les géosystèmes tropicaux », 1990, Paris Masson, coll., Géographie, 222p.

Daniella oliveri ou *Caïlcedra* (*Kaya senegalensis*) émergent au-dessus des cimes plus ou moins jointives des arbres.

Figure 16 : Forêt sèche dans la région de Boundiali (Chaléard, 1996)

III.3- Le secteur savanicole arboré

A l'extrême nord, toujours dans le secteur nord-soudanien et au-delà du 10ième parallèle, les conditions climatiques deviennent plus contraignantes. Les premiers acacias apparaissent, en particulier *Acacia calbida* et la densité des karités augmente tandis que d'autres espèces comme *Corda cardifolia* disparaissent. Au sol, la strate de graminées qui se disposent en touffes peu ou pas contigües, est caractérisée par la présence d'*Andropogon spp.* *et d'Afromomum uniseta*

La dégradation du couvert ligneux offre *des* savanes arborées[36] qui se caractérisent par la présence d'arbres ou d'arbustes espacés et par un tapis herbacé souvent dense ; avec un recouvrement du sol total des graminées parfois *rhizomateuses,* caractères qui leur permet de résister aux feux de brousse (exemple : *Pennisetum* ou herbe à éléphant, *Hyparrhenia, Andropogon, Imperata*). Elles se développent lorsque les conditions pédologiques ne permettent plus la croissance de la forêt claire, mais aussi dans les zones de jachère où elles constituent un stade intermédiaire de la reconstitution de la végétation climacique. A dire vrai,

---

[36] : la savane arborée est une formation qui se caractérise par la présence d'arbres de plus de 10 m et d'arbustes épars sur le tapis graminéen (Sané T, op. cit.)

il est difficile de qualifier cette savane de l'extrême nord-ouest de la Côte d'Ivoire de savane arbustive[37], voire de savane herbeuse qui se caractérise seulement par un tapis graminéen continu (figure 17).

Toute cette végétation vit au rythme des saisons ; vert intense en saison de pluie, elle jaunit en saison sèche et les arbres perdent leurs feuilles. A cause de l'action répétée des feux de brousse, la plupart des espèces résistent par leur caractère « *pyrorésistant* ». Cela explique le maintien de la forêt claire. Sinon, les espèces non pyrophiles ont tendance à disparaître et la croissance des arbres peut être ralentie. Le maintien de la forêt, surtout aux abords des villages a une explication culturelle : les forêts sacrées en pays sénoufo par exemple. Ces formations ne sont ni de nature, ni de composition très différente de la végétation climacique[38]. Mais, il est difficile de les considérer comme des forêts primaires.

La végétation du domaine d'étude est répartie selon les différentes régions climatiques. La savane préforestière couvre les zones méridionales du domaine d'étude où le climat est de type sud-soudanien. Dans les zones centre et nord, on observe un climat nord-soudanien avec deux composantes savanicoles : la savane boisée et la savane arborée (figure 17).

---

[37] . la savane arbustive se distingue des autres formations de savanes par la présence d'arbustes de moins de 10 m de haut, la quasi absence d'arbres et d'un tapis herbacé continu (Sané T. op cit)
[38] .MOUNIER, 1981.

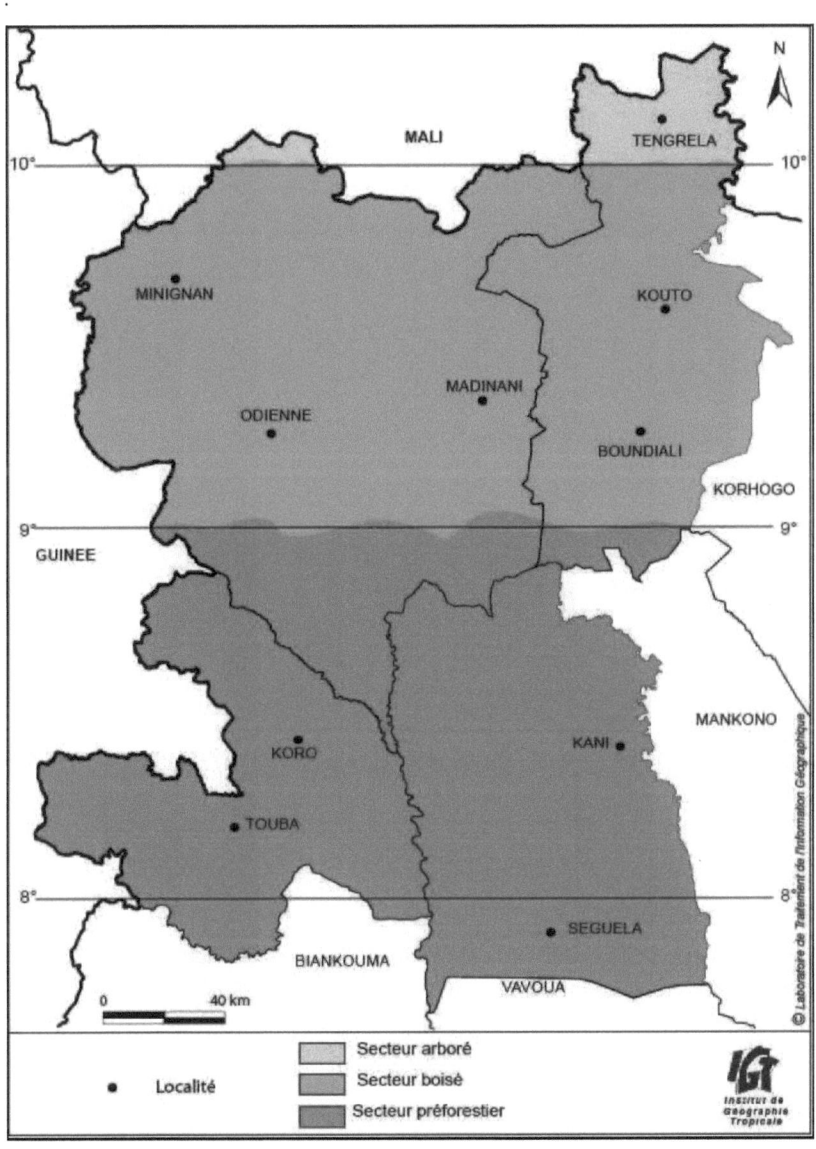

Figure 17 : Secteurs écologiques des régions nord-ouest ivoiriennes (Diomandé, 2008)

60

En somme, l'étude de l'espace physique des régions nord-ouest de la Côte d'Ivoire a d'abord pris en compte la géologie, le relief, les sols et l'hydrographie. C'est le vieux socle cratonique ouest-africain qui fonde l'architecture géologique. C'est un relief accidenté avec des élévations et des plateaux qui prédominent. Les sols sont de types ferralitiques et ferrugineux. Les cours d'eau sont relativement abondants. La description du climat indique un vaste espace aérologique très dynamique. En effet, la circulation atmosphérique ouest-africaine influence fortement les caractéristiques du climat local. Enfin, la végétation du domaine d'étude est le reflet du découpage climatique dans ces régions.

CHAPITRE II: ASPECTS HUMAINS DU DOMAINE D'ETUDE

La population des régions nord-ouest de la Côte d'Ivoire est cosmopolite et diversifiée. On peut l'apprécier à travers deux aspects fondamentaux. D'une part, *l'historique du peuplement* reste déterminant dans cette étude. D'autre part, nous aborderons les *aspects démographiques* de cette population à travers les effectifs et leur évolution, la structure et la répartition dans l'espace géographique.

I- Le peuplement

L'histoire de la mise en place des populations de l'ouest savanicole émane de l'histoire générale du peuplement de la Côte d'Ivoire.

Ce pays, dans son ensemble, est une terre de brassage de cultures d'origines diverses. Il a été peuplé par des groupes successifs d'immigrants entre les XVI et XIXième siècles (début de la colonisation européenne). Ces vagues d'immigrants sont venues des contrées voisines. Dans les régions du Sud, on a des peuples ghanéens (Sud-Est) et libériens (Sud-Ouest et Centre-Ouest). Il s'agit respectivement des groupes Akan dont les lagunaires ou anciens Akan : Abbey, Ahizi, Allandian, Appollo, Attié, Avikam, N'Zima, etc. et les nouveaux Akan (Abron, Agni). Le groupe Krou est composé notamment des Bakoué, Bété, Dida, Gnamboua, Kroumen, Neyo, Godié, Adioukrou, etc.

Les régions de savanes du Centre ont été peuplées par un groupe Akan (nouveau) venu du Ghana actuel. Les Baoulé se sont installés autour du royaume de Sakassou dans la deuxième moitié du XVIIIième siècle. Le Centre-Ouest et le Nord-Ouest sont occupés par les Mandé du Nord, les Malinké venus de la Guinée et du Mali. Il s'agit des Koyaka, Koro, Baralaka, Mahouka, Worodougouka, Odiennéka, Dioulaba, etc. On les trouve autour des royaumes du Worodougou de Mankono, Séguéla et Touba, et du Kabadougou (la région du Denguélé). Certains parmi eux, les Dioulaba fondèrent le vieux royaume de Kong dans le Nord-Est. Les Mandé du Nord auraient légèrement repoussé vers les montagnes au Sud (c'est-à-dire à l'Ouest du pays) les Mandé du Sud. Ces derniers constituent l'actuel groupe Dan (Toura et Yacouba).

Le Nord du pays a été peuplé par le groupe voltaïque. Il s'agit des Sénoufo (Sénoufo, Tagouana, Gbandjé, Djimini, Koulango et Lobi). Ils sont originaires du Wassoulou au Mali et du Burkina Faso actuel. Ils se sont établis dans les régions de Tengréla, Boundiali, Korhogo, Ferkessédougou, Katiola et Dabakala. Le Nord-Est est celui des koulango et des Lobi. Ces derniers sont établis dans la région administrative actuelle du Zanzan (Bouna et Bondoukou). De nos jours, ils ont en partage le royaume de Bondoukou avec les Abron venus du Ghana voisin. La figure 18 indique les différents flux migratoires des contrées voisines vers la Côte d'Ivoire entre les XVI et XIXième siècles (KIPRE, 1992).

Pour le domaine d'étude, on retient d'emblée qu'il est fondamentalement peuplé par deux grands groupes : les Mandé du Nord (Malinké) et les Sénoufo. Ces peuples sont surtout venus de la Guinée et du Mali voisins. De nos jours, ces régions du Nord-Ouest, à l'instar des autres régions de la Côte d'Ivoire, regroupent des populations hétérogènes d'origine diversifiée. Des autochtones, des allochtones et des étrangers forment une société hiérarchisée mais homogène. Elles sont aussi unies par la culture.

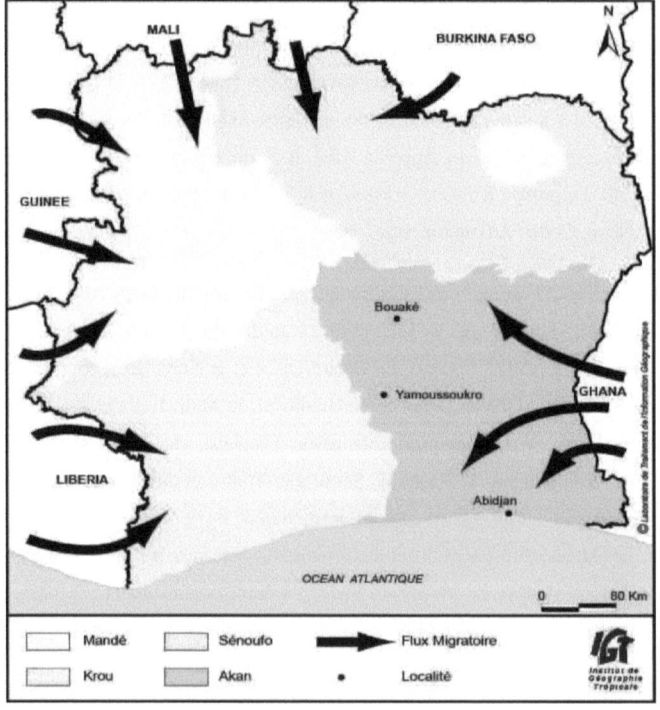

Figure 18 : Peuplement de la Côte d'Ivoire du XVI au XIXième siècle

II- Les aspects démographiques du domaine d'étude

Les aspects démographiques des régions nord-ouest de la Côte d'Ivoire peuvent être analysés d'abord à travers *les effectifs et leur évolution* dans le temps. Ensuite, les tranches d'âge et les secteurs d'activités permettent de dégager *l'aspect structural* général de cette population. Enfin, la *répartition* dans l'espace géographique reste un élément fondamental de cette étude démographique des régions nord-ouest de la Côte d'Ivoire.

II.1- Les effectifs de la population et leur évolution

Depuis l'indépendance, la population ivoirienne connaît une croissance accélérée. Par exemple, entre 1975 et 1988, le taux de croissance annuel était de 3,74 % et de 5,01 % pour la population des savanes. Ce taux est encore plus élevé dans les centres urbains que dans les campagnes et plus dans les zones de forêt que dans celles des savanes. Cette situation s'explique par l'exode rural très important et les migrations des populations des savanes vers les régions forestières à cause de l'économie de plantation. Le taux de croissance élevé est aussi dû à une immigration très forte des populations étrangères (Burkinabés, Ghanéens, Guinéens, Maliens, Nigérians, Nigériens, Sénégalais, etc.) vers le pays. C'est une véritable population cosmopolite avec 74 % de nationaux et 26 % d'étrangers[39].

La population de notre domaine d'étude croît au rythme rapide de la croissance générale de la population nationale. Ainsi, en 1975, cette population était seulement estimée à environ *3.000 habitants* soit moins de 5% de la population totale. En 1988, elle s'est multipliée par plusieurs centaines et s'estimait à *503.663 habitants*, soit 5.4 % de la population totale de la Côte d'Ivoire. En 1993, elle se chiffrait à *708.444 habitants* et à *1.637.446* en 1998. De nos jours (2009), c'est une population régionale qui dépasse *3.000.000 âmes*[40] (figure 19).

---

[39] . INS, 1988, op. cit.
[40] . Ministère de l'Economie et des Finances de Côte d'Ivoire, direction de la Statistique, 2001/ Extrait de Jeune Afrique l'Intelligent n° 45 du 02 avril 2001.

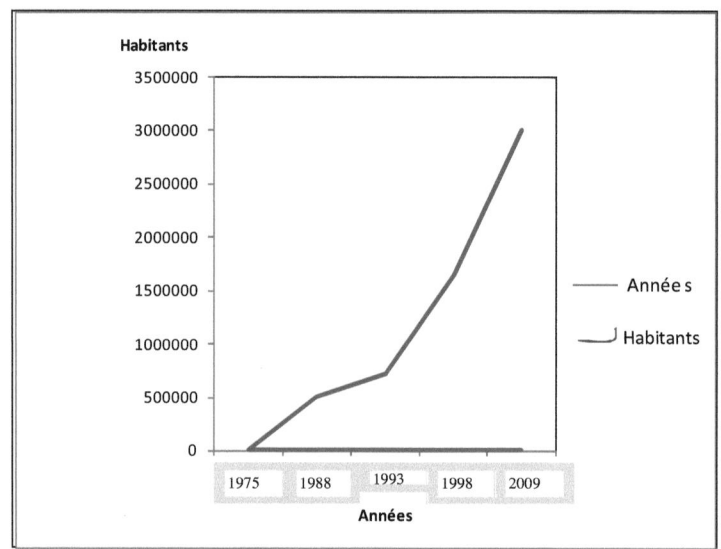

Figure 19 : Evolution de la population des régions nord-ouest ivoiriennes de 1975 à 2009.

(Source : Drs/ jeune Afrique l'intelligent, n°45 du 02 avril 2001).

II.2- La structure de la population

La structure de la population de l'Ouest des savanes de la Côte d'Ivoire est fortement calquée sur celle de la population ivoirienne dans son ensemble. Elle s'inscrit dans les normes de celles des pays en voie de développement. Au plan national, la structuration de la population par sexe se présente comme suit : les femmes 49 % et les hommes 51 %.

Compte tenu du taux élevé de fécondité, de la hausse du taux de natalité (43 ‰) et de la baisse de celui de mortalité (15 ‰), la population des régions nord-ouest se caractérise par sa jeunesse (0 à 14 ans), soit 40 % de la population totale. Les adolescents et les adultes (15-59 ans) sont les plus nombreux. Ils représentent 53 % de cette population (figure 20).

La tranche des vieux (60 ans et plus) ne représentant que 7 %[41]. Ce faible taux des vieilles personnes s'explique par une espérance de vie faible. Elle tourne autour de 50 ans seulement. Mais la tranche de la population adolescente et adulte connaît une forte migration vers le Sud du pays et à l'étranger. Le taux de la population non active (les plus jeunes et les

---

[41] . Institut National de la Statistique de Côte d'Ivoire (INS) : Recensement Général de la Population et de l'Habitat (RGPH), 1998.

vieux) prend progressivement le pas sur celui des actifs. D'où le coefficient de dépendance connaît une légère hausse pour ces régions notamment ces dernières années. Les vieux se déplacent moins de leur région d'origine. Ils sont garants de la tradition et gardiens des institutions et des patrimoines anciens.

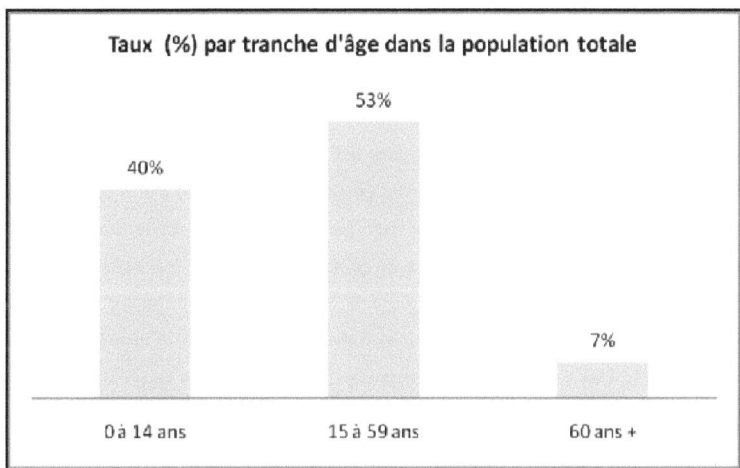

Figure 20 : Structure par tranche d'âge de la population des régions nord-ouest ivoiriennes

(Source : Drs/ jeune Afrique l'intelligent, n°45 du 02 avril 2001).

II.3- La répartition spatiale de la population

L'un des enjeux socio-économiques importants de cette zone des savanes est la répartition de sa population dans l'espace géographique.

D'abord, le dualisme dans la répartition écologique forêt-savane est largement en faveur de la zone écologique forestière avec 78 % de la population contre seulement 22 % dans les savanes. Ce profond déséquilibre s'explique par deux faits majeurs. Abidjan, par son poids économique (à cause du port, les principales administrations, du grand centre commercial, etc.) est la zone d'attraction démographique par excellence. Elle a une densité de 273 habitants / km², soit cinq fois la moyenne nationale qui est de 48 habitants au km². Le deuxième facteur explicatif de cette situation est le développement de l'économie de plantation (café- cacao-hévéa- palmier à huile, bois, ananas, etc.) dans la zone forestière qui a

66

attiré les populations des savanes du Centre, du Nord et même de la sous-région ouest-africaine.

Dans les régions nord-ouest du pays, la concentration humaine diffère d'une région à l'autre. Cette répartition contrastée de la population est due aux potentialités économiques déséquilibrées et aux facteurs historiques. De cette répartition, trois tendances se dégagent:

• *les zones faiblement peuplées* qui se trouvent dans l'extrême nord (région de Tengréla avec environ 8 habitants au km²) ;

• *les zones moyennement peuplées* localisées dans le Centre de la zone (région du Denguélé avec 11 habitants au km² et de Boundiali avec environ 9 habitants au km²), mais la ville d'Odienné a une population relativement importante par rapport au reste du domaine d'étude ;

• *les zones assez peuplées* qui occupent le reste du domaine d'étude situé à la lisière de la zone forestière. Il s'agit de la région semi-montagneuse de Touba (11 habitants au km²) et Séguéla (12 habitants au km²) qui sont des régions minières avec respectivement *le nickel* à Touba et *le diamant* à Séguéla. Ces activités, bien qu'artisanales, attirent beaucoup les populations.

Touba est également un centre industriel avec le complexe sucrier à l'échelle de la région[42]. La répartition par communauté géographique est à l'avantage des centres urbains. Elle est une illustration de la répartition de la population au plan national (49 % dans les centres ruraux contre 51 % en ville, en 1998). Dans le domaine d'étude, les populations se concentrent plus dans les villes que dans les communautés rurales. Ce sont les effets de la recrudescence de l'exode rural.

L'histoire permet d'expliquer aussi la relative concentration de population dans les villes d'Odienné et de Séguéla. En effet, pendant le commerce caravanier assuré par les Arabes, Odienné a servi de lieu de contact entre la savane et la forêt. Séguéla a joué les mêmes fonctions lors du commerce de la cola. Odienné était une ville commerciale précoloniale et un grand centre d'enseignement islamique. Pendant la colonisation, cette ville a joué également la fonction de chef-lieu de cercle. Elle renferme ainsi plusieurs administrations héritées de la colonisation française. La figure 21 illustre bien cette répartition contrastée de la population qui se note d'une part, entre les zones écologiques, et d'autre part, entre le monde rural et les centres urbains.

---

[42] . Archives des documents FAO, 2001, Département forêt.

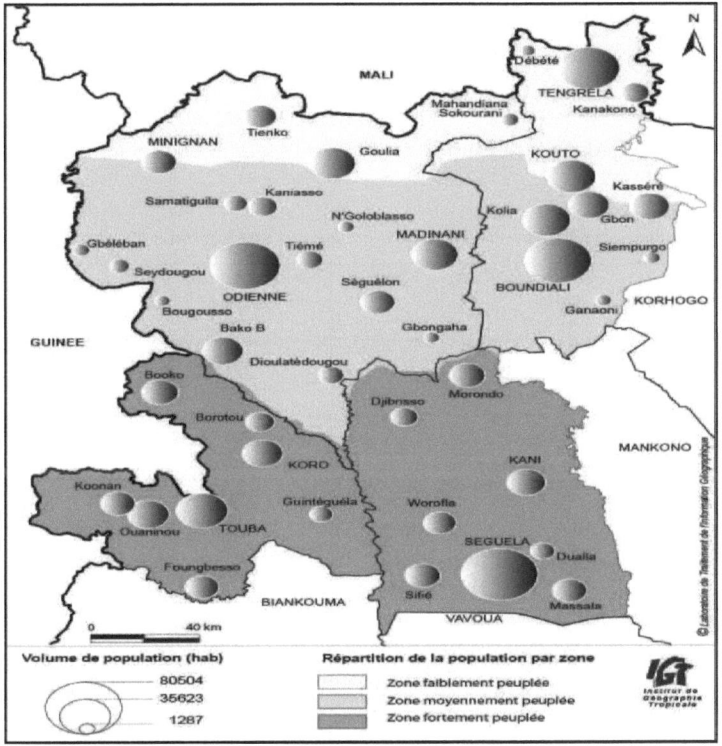

Figure 21 : Répartition géographique de la population des régions nord-ouest ivoiriennes (IGT, 2008)

Au total, on retient qu'à l'instar des autres contrées de la Côte d'Ivoire, les régions nord-ouest ont été peuplées entre les XVI et XVIIième siècles successivement par des grands groupes d'immigrants venus des régions voisines (Kipré, 1992). La société est très conservatrice de la tradition malgré la forte influence de l'Islam en particulier. Les aspects démographiques révèlent une forte croissance de la population et la jeunesse reste son trait fondamental. Cependant, on note une forte mobilité de ces jeunes vers les villes et le Sud du pays. Enfin, c'est une population inégalement répartie dans l'espace géographique.

Il y a donc nécessité de la mise en place d'une politique cohérente de décentralisation dans les régions nord-ouest de la Côte d'Ivoire où les activités économiques constituent un potentiel appréciable.

CHAPITRE III: ACTIVITES ECONOMIQUES DANS LE DOMAINE D'ETUDE

L'étude économique des régions nord-ouest de la Côte d'Ivoire laisse entrevoir une grande variété d'activités. Cependant, *l'agriculture* apparaît comme la principale activité des populations comme l'indique le tableau 5.

Tableau 5 : Estimation de la répartition (%) des activités économiques dans le domaine d'étude

zone Activité (%)		Agriculture	Elevage	Mines	Commerce	Industrie
Nord	*Ouest* (Tengréla)	75	15	4	6	0
Nord	*Est* (Kanakono)	60	10	10	20	0
Centre	*Ouest* (Odienné)	80	8	0	10	2
Centre	*Est* (Boundiali)	80	8	2	10	0
Sud	*Ouest* (Touba)	70	5	1	10	14
Sud	*Est* (Séguéla)	60	5	20	13	2

(Source : Diomandé / E*stimation par enquête de terrain (juin-juillet-août 2008)*

Autrefois exclusivement de subsistance, l'agriculture dans le domaine d'étude est de nos jours orientée vers une économie de marché. A côté d'elle, plusieurs autres sources d'économie existent. Il s'agit de *l'élevage*, de la *cueillette*, de *l'exploitation du bois,* de la *chasse* et de la *pêche.*

Dans d'autres secteurs, *l'exploitation minière* et *l'industrie*, en dépit des difficultés d'organisation et d'émergence, existent. La présente analyse de l'appareil économique de la Région sera basée respectivement sur *l'agriculture et ses activités annexes* et le *secteur minier et industriel*. D'autres activités économiques, bien que dynamiques dans le domaine d'étude, ne seront pas retenues dans la présente analyse. Ce sont : *l'artisanat*, le *commerce*, le *transport*, le *tourisme*, etc.

I- L'agriculture et ses activités annexes

L'agriculture est le poumon économique des régions nord-ouest de la Côte d'Ivoire. La caractériser nécessite l'analyse des autres activités qui lui sont relativement liées. Ainsi nous verrons successivement l'agriculture, l'élevage, la cueillette et l'exploitation du bois, la chasse et la pêche.

I.1- L'agriculture

En Côte d'Ivoire, comme dans la plupart des pays africains de tradition agricole, les systèmes primitifs dont les pratiquants vivaient en autarcie sont en voie de disparition. Ces systèmes ne subsistent que dans de rares contrées du domaine d'étude et sur l'ensemble du pays. Cependant, si l'on observe les systèmes de productions où les héritages des pratiques agricoles traditionnelles sont encore visibles, ils concernent une partie non négligeable du domaine d'étude. Les pratiques agricoles sénoufo et malinké restent profondément calquées sur celles des ancêtres.

Ainsi, chez les Malinké par exemple, le territoire cultivé est-il souvent différencié en auréoles concentriques. Un type simple de ces organisations associe aux champs itinérants à longue jachère, une ceinture de jardins de case, plus ou moins continue, constituants un noyau cultivé en permanence, le plus souvent par les femmes, et où la fertilité est entretenue par les détritus ménagers et le fumier du petit bétail (photo 2). Aux jardins de case, s'adjoint une ceinture de champs cultivés chaque année ou avec une jachère brève (une culture ou seulement deux sur trois) : ce sont les champs permanents (figure 22). A côté de ces champs, on trouve parfois des champs temporaires.

Sur l'ensemble du domaine d'étude, l'agriculture est beaucoup diversifiée. Les superficies varient d'une région à l'autre selon les habitudes alimentaires des peuples. Le vivrier y reste partout dominé par *le riz*, *le maïs*, *l'igname* et *le manioc*. Ces cultures occupent les plus grandes superficies de l'exploitation vivrière.

Photo 2 : Le petit jardin de ménage de la vieille Madiana derrière sa case à Ourossaniso (Diomandé, juin 2008)

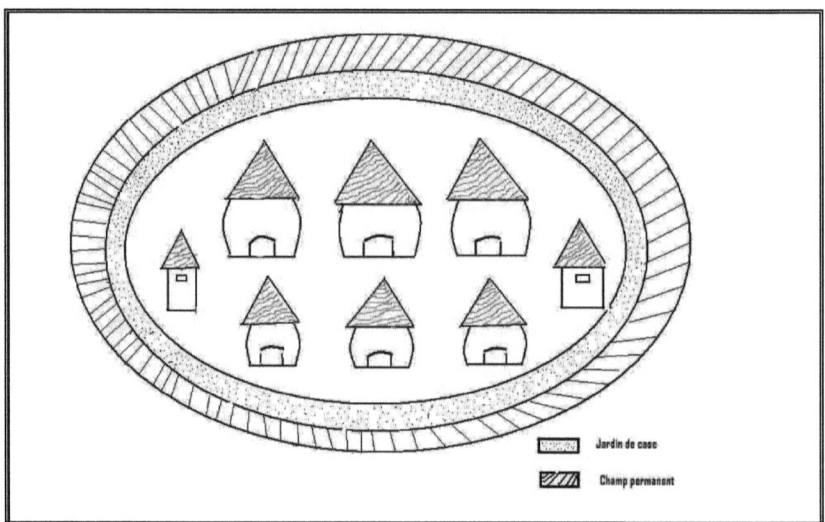

Figure 22 : Types d'exploitation traditionnelle en terroir malinké (Source :Cazes et al, 1991).

L'adoption de cultures de rente est un phénomène qui s'est généralisé dans les systèmes de production, même les plus anciens. Notre domaine d'étude est ainsi à l'image des exploitations du tiers-monde, où 60 à 80 % des exploitations sont dans cette situation[43].

La monétarisation actuelle de l'économie amène les paysans à s'investir dans une agriculture de marché. Ces cultures d'origine étrangère ont été introduites dans les systèmes agricoles de ces régions soit sous la pression des administrations coloniales, soit par le biais de grandes entreprises se chargeant de la commercialisation sur les marchés extérieurs, ou alors c'est tout simplement sous l'effet de mécanismes purement économiques ou sociologiques. On trouve ainsi dans les régions nord-ouest de la Côte d'Ivoire, une variété d'exploitations ou de cultures destinées au marché. Deux principaux types se dégagent :

• de grandes exploitations industrielles (le complexe sucrier de Borotou-Koro et le projet soja à Ouaninou dans la région de Touba).

• des petites et moyennes exploitations industrielles des planteurs locaux (canne à sucre dans les villages autour de l'usine sucrière notamment à Bontou et Morifingso ou des plantations privées de coton, de mangues et d'anacardes).

L'agriculture, dans les régions nord-ouest, se distingue peu de l'agriculture ivoirienne dans son ensemble. Depuis l'indépendance, elle est le secteur premier de l'économie du pays. Quelques chiffres des tableaux 6 et 7 ci-dessous en témoignent.

Tableau 6 : Principales productions de rente de la Côte d'Ivoire en 2000.

Produits de rente	Cacao	Café	Coton (fibre)	Sucre	Ananas	Banane douce	Hévéa (Latex)	Huile de palme	Huile de Copra	Anacarde
Production (*1000 T)	1.300	350	133	160	225	233	187	245	35	80

(Source : Document de Stratégies pour la Réduction de la Pauvreté-Intérimaire (DSRP-I), 2002)

Tableau 7 : Principales productions vivrières de la Côte d'Ivoire en 2000.

Produits vivriers	Igname	Manioc	Banane plantain	Maïs	Riz
Production (* 1000 T)	1596	1.900	5.777	693	687 (77)[1]

(Source : Document de Stratégies pour la Réduction de la Pauvreté-Intérimaire (DSRP-I), 2002)

. (77.000)[1] : riz irrigué

[43] . Cazes G et al, 1991.

Le secteur primaire est donc dominé par l'agriculture. Si la zone forestière se particularise dans l'agriculture de rente, la zone savanicole, quant à elle, est le grenier du vivrier du pays. Sur 172.000 km² que comptent les régions de savanes de Côte d'Ivoire, 90% constituent l'espace rural, soit 155.700 km². Les 70 % de cet espace sont occupés par les cultures, 28 % par les jachères et pâturages et seulement 2 % par les forêts classées et réserves. Ainsi, pour la seule zone nord-ouest du pays, on note une superficie de 50.655 km² avec un espace rural très vaste (plus de 45.854 km²). Mais ce vaste espace connaît une occupation anarchique comme l'indique la figure 23A.

Les principales spéculations dans cette zone de savanes sont :
• les cultures vivrières : igname (900.000 tonnes par an en moyenne), maïs (469.000 tonnes par an en moyenne), riz (260.000 tonnes par an en moyenne), manioc (140.000 tonnes par an en moyenne), arachide, mil, sorgho, patate, haricot, fonio, etc. (Archives document FAO, 2001, op. cit.) ;
• les cultures annuelles de rente : coton, tabac, canne à sucre, etc. ;
• les cultures pérennes de rente : mangues, avocats, agrumes, anacardes.

Dans l'occupation du sol, on note une mauvaise répartition des terres arables entre les différentes spéculations. Les cultures de rente occupent plus de la moitié des superficies cultivées (60 %) au détriment des cultures vivrières. Au niveau de ces dernières, deux sous-ensembles s'observent. Les cultures vivrières de base sont régulièrement cultivées. Elles reviennent chaque année sur les superficies. Elles sont constituées par le riz, l'igname, le maïs et le manioc. Ces spéculations assurent l'essentiel de l'alimentation de la famille, mais n'occupent que 30 % des superficies. A côté des cultures vivrières dites principales, on note la présence d'un autre sous-ensemble de cultures vivrières. Elles jouent un rôle secondaire dans l'alimentation générale de la famille en dépit de leur importance. Ces cultures peuvent être absentes au cours d'une année donnée dans l'exploitation. Ce sont entre autres : l'arachide, le mil, la patate, le fonio, le haricot, le sorgho, etc. L'espace qui leur est généralement réservé dans l'exploitation n'excède pas 10 % (figure 23B).

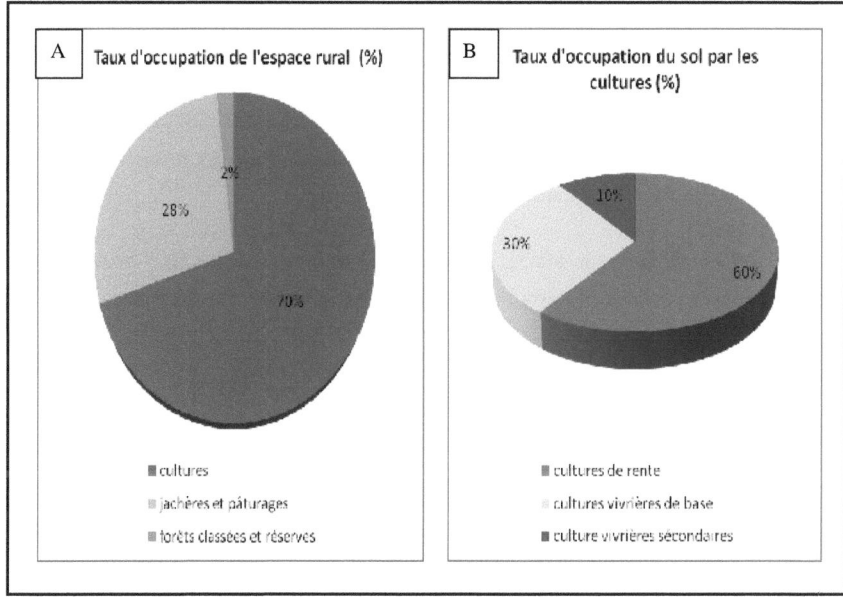

Figure 23 : Occupation des terres dans les régions nord-ouest ivoiriennes (Source : FAO, 2001)

Cette mauvaise répartition des superficies s'explique par les réalités économiques ou sociologiques dans le domaine d'étude. Les pressions économiques et sociales obligent les paysans à s'orienter davantage vers l'agriculture de marché au détriment de l'agriculture de subsistance. Cette situation explique en partie la fréquence des famines dans ces régions.

Depuis 2002, un ordre nouveau est en train de s'établir avec un bouleversement agricole qui se traduit par l'introduction des cultures de la zone forestière. Il s'agit notamment de la culture de la banane plantain et du cacao.

Cette nouvelle donne est due à la rareté d'espace cultivable forestier dans le Sud et les conflits dans cette région entre populations autochtones, allochtones et étrangères. Ainsi les régions de Séguéla (exemple : espace communal de Diarabana) et de Touba deviennent des zones de production de café, cacao et banane.

La culture itinérante sur brûlis et l'élevage et/ou l'agriculture extensifs, systèmes de production fortement consommateurs d'espace, sont malheureusement pratiqués dans le domaine d'étude. La création de vastes blocs agro-industriels (complexe sucrier de Borotou-Koro, les blocs aménagés de projets soja à Ouaninou-Touba et Odienné dans le Nord-Ouest, les blocs rizicoles autour de Touba, Borotou et Koro ainsi que les divers aménagements agropastoraux dans la Région) en sont l'illustration parfaite.

La Figure 24 est la carte agricole des régions nord-ouest de la Côte d'Ivoire. Elle situe les principales spéculations agricoles. Elle représente en même temps les ressources minières dans l'espace géographique.

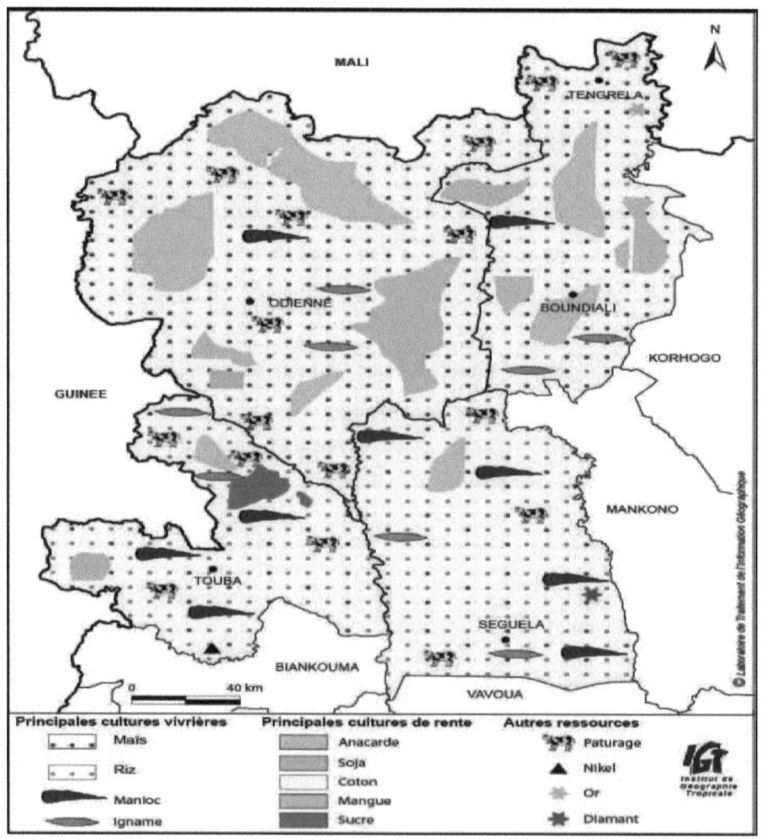

Figure 24 : Carte agricole et minière des régions nord-ouest ivoiriennes (Diomandé, 2008)

I.2- L'élevage

Les régions de savanes dans leur ensemble sont la zone par excellence de l'élevage en Côte d'Ivoire. La végétation du domaine d'étude, dans toute sa composante, offre de réelles potentialités à la pratique pastorale, notamment de bovins. L'humidité y est atténuée avec une alimentation abondante et quasi-permanente pour les animaux.

Cependant dans ces régions, l'élevage connaît des difficultés de plein épanouissement. Seulement 21 % de la population enquêtée pratiquent cette activité. La majorité des 21 % des éleveurs se concentrent dans les parties centre et nord. L'élevage est pratiqué en grande partie par des populations étrangères (les Peuhls). On y exerce essentiellement un élevage de type traditionnel. On peut en distinguer deux sortes: celui des petits ruminants (moutons, chèvres, cabris) et celui de la volaille qui demeure une activité de loisir pour les propriétaires. Ni soins, ni aliments ne leur sont réservés. Les animaux errent dans le village ou dans la brousse à la recherche de leur subsistance. On les élève le plus souvent juste pour les cérémonies : baptême, mariage, funérailles, sacrifices religieux, etc. Pour les populations du domaine d'étude, le cheptel bovin, lorsqu'il existe, est parfois une source de prestige. L'élevage de bovins est donc le seul type professionnel. Le bétail vient le plus souvent en appoint à l'agriculture dans les grandes dépenses de la famille. La volaille se limite à l'espèce "bicyclette". Elle est souvent élevée juste pour combler un déficit financier familial du jour, ou tout simplement, c'est pour accueillir un étranger de valeur (dans les centres ruraux). Dans quelques villes, l'élevage de la volaille moderne (poulets de chair, pondeuses, etc.) prend de plus en plus de l'ampleur. Il en est de même pour l'élevage de bovins qui tend vers sa modernisation avec quelques fermes dans le Centre et le Nord surtout où les animaux sont soignés et mieux surveillés.

Si les conceptions traditionnelles de l'élevage n'ont pas encore véritablement changé de nos jours, les techniques, cependant elles, connaissent une mutation. La surveillance et l'entretien des troupeaux, notamment des bovidés, sont désormais confiés aux bergers Peuhls. Ces derniers sont réputés dans notre domaine d'étude, pour leur savoir-faire en la matière. Ils ont une véritable tradition d'éleveurs. Ce sont, soit le troupeau d'une famille, soit le troupeau collectif du village (photo 3).

Photo 3 : Allaitement d'un veau dans un troupeau familial à Madinani   (Diomandé, juillet 2008)

L'élevage, en réalité, n'est pas une activité de tradition dans la culture malinké et sénoufo. L'élevage moderne est très peu répandu dans la Région. Et s'il existe, il ne s'agit que celui de la volaille. Les ranches modernes, présents sur le territoire ivoirien en général, appartiennent le plus souvent à l'Etat à travers l'ANADER[44] (ex-SODEPRA). Ce sont notamment les fermes d'Abokouamékro, Sipilou, Marahoué, Katiola, Ferkessédougou, du centre national d'ovins (CNO) à Béoumi, etc. Quelques fermes privées existent mais de façon sporadique sur l'ensemble du territoire. A côté de cela, on trouve les projets pilotes d'élevage expérimental de l'apiculture, de la pisciculture et de l'hélacodeculture à Toumodi.

L'élevage porcin est moins pratiqué au Nord pour des raisons religieuses. Mais on en retrouve au Centre du pays et au Sud. Les régions nord-ouest du pays sont également moins productrices de volailles modernes à cause de la forte production et de l'estime pour les poulets bicyclettes. En matière d'élevage, le domaine d'étude s'inscrit dans la même logique que les autres régions du pays. La production reste largement déficitaire pour couvrir les besoins de la consommation. C'est pourquoi, la chasse est une activité d'appoint à la production animale. Les tableaux 8 et 9 ci-dessous indiquent des chiffres à l'échelle nationale.

---

[44] . Agence Nationale d'Appui au Développement Rural – Côte d'Ivoire.

Tableau 8 : Cheptel national (en milliers de têtes) en Côte d'Ivoire de 1995 à 1999

Espèces	Années				
	1995	1996	1997	1998	1999
Taurins	785	794	804	814	824
Zébus	473	492	512	532	553
Total bovins	**1258**	**1286**	**1316**	**1346**	**1377**
Ovins	1282	1314	1347	1381	1416
Caprins	1002	1027	1053	1073	1106
Total petits ruminants	**2284**	**2341**	**2400**	**2454**	**2522**
Porcins traditionnels	358	237	243	249	255
Porcins modernes	56	27	28	29	30
Total porcins	**414**	**264**	**271**	**278**	**285**
Volailles traditionnelles	19600	19600	20090	20590	20600
Volailles modernes chairs	6120	8100	8400	8050	7400
Volailles modernes pontes	1130	2750	2600	2200	2540
Total volailles	**26850**	**30450**	**31090**	**30840**	**30540**

(Source : Direction générale des ressources animales / Direction des productions d'élevage).

Tableau 9 : Principales productions animales et halieutiques en Côte d'Ivoire en 2000.

	Viande (équivalent carcasse)	Poisson	Œufs	Lait
Production (tonnes)	70.000	79.000	36.400.000	5.777.000

(Source : Document de Stratégies pour la Réduction de la Pauvreté-Intérimaire (DSRP-I), 2002).

L'occupation des terres pastorales dans le domaine d'étude est à l'avantage des régions les plus septentrionales. Les régions d'élevage par excellence sont ainsi par ordre d'importance : Tengréla, Boundiali, Odienné, Séguéla et enfin Touba.

I.3- La cueillette et l'exploitation du bois

Le bois d'énergie constitue une source de revenus non négligeable. Plusieurs tonnes de bois de feu et de charbon sont acheminées chaque jour des zones rurales vers les villes. 90 % environ de la population urbaine des régions nord-ouest du pays utilisent le bois de feu ou le charbon de bois et 100 % des ménages ruraux utilisent encore le bois de chauffe.

Le bois est également exploité à d'autres usages : certaines espèces de bois sont utilisées en bois de service (les poteaux, les piquets, les perches et les fourches dans les constructions d'habitats locaux, les palissades ou clôtures mortes). Des espèces sont également utilisées à vocation de bois d'œuvre. Des essences de savanes donnent du très bon bois d'œuvre pour l'industrie, la menuiserie, la sculpture, etc.). A titre d'exemple, nous avons *Khaya senegalensis*, *Milicia excelsa* et *Milicia regia*. Ces espèces sont en voie de disparition dans le domaine à cause de leur exploitation abusive.

D'autres espèces sont utilisées à d'autres fins. Les essences fourragères sont exploitées pour les feuilles ou les fruits comme fourrage pour le bétail. Le degré d'appétibilité d'une essence est fonction de la nature du bétail. Les caprins broutent toutes les espèces ligneuses alors que les bovins sont beaucoup sélectifs. Les espèces beaucoup fourragées sont *Afzelia africana*, *Pterocarpus erinaceus* et *Khaya senegalensis* (pour ses feuilles), etc.

Il existe plusieurs espèces à propriétés pharmacologiques. Toutes les essences forestières peuvent entrer dans cette classification. Selon les coutumes et les rites, le terroir, la religion et la nature du mal à combattre, les parties de l'arbre à utiliser varient. Pour la même essence, les feuilles, les écorces, les racines, les graines peuvent avoir des usages différents.

Le paludisme, l'ictère, la dysenterie, … sont des maladies très fréquentes dans la sous-région ouest-africaine en général et dans notre domaine d'étude en particulier. Les essences utilisées pour les guérir font l'objet de fortes pressions au point d'entraîner la disparition de certaines de ces essences, surtout dans les zones péri-urbaines. Il s'agit notamment de celles dont les racines ou les écorces sont utilisées. Exemple, dans les savanes guinéennes ou préforestières, les essences célèbres sont : *Entada abyssinica*, *Lannea barteri*, *Terminalia glaucescens*, etc. Dans les savanes soudaniennes, les espèces *Khaya senegalensis* et *Pseudocedrella kotchiri* sont beaucoup recherchées[45].

I.4- La chasse

Les savanes de la Côte d'Ivoire sont réputées pour la richesse de leur faune : de grands herbivores très variées (éléphants, phacochères, antilopes, gazelles, …), les petits herbivores, les rongeurs, les singes, les oiseaux granivores et insectivores, les grands mammifères carnivores (lions, panthères, léopards…) abondent dans ces milieux ouest savanicoles. Ces animaux font l'objet de grande convoitise, soit pour leur chair (consommation), leur peau (vêtements), leurs défenses soit pour leurs os à des fins commerciales, thérapeutiques ou

---

[45] . voir Archive FAO, 2001. Op. cit.

pharmacologiques. En dépit de ses revenus médiocres, la chasse est l'une des activités économiques très anciennes. Elle est exclusivement l'affaire des hommes[46]. En réalité, la chasse est plus une activité de divertissement et de prestige qu'économique pour ces populations. Le grand chasseur du village est avant tout un agriculteur ou autre. La chasse vient donc toujours en appoint d'une première activité (photo 4).

Photo 4 : Chasseurs de retour à Morifingso /Koro (Diomandé, juin 2008)

I.5- La Pêche

Malgré l'abondance relative des cours d'eau, la pêche reste une activité économique de seconde zone. Elle est même une activité de loisir pour les populations. La pêche n'a pas une visée lucrative dans ces régions. Elle est d'abord une activité des femmes. Les hommes la pratiquent mais dans de rares occasions. Seuls les "Bozos" maliens (populations étrangères) en font une activité professionnelle et lucrative. Les produits de la pêche sont destinés directement à l'assaisonnement de la sauce quotidienne.

II- Le secteur minier et industriel

Le secteur industriel se lit à travers l'agro-industrie. A côté de lui, le travail des mines connaît un rayonnement relatif. Ces deux secteurs feront donc l'objet d'une analyse succeinte.

---

[46] . Jean-Louis CHALEARD, 1996, op. cit.

II.1- Les mines

Le domaine d'étude se classe parmi les régions riches en gisements miniers du pays. Les ressources minières telles que le diamant (à Diarabana, Bobi, Dualla, Forona...dans la région de Séguéla, l'or à Tengréla, le nickel à Foungbesso et Bankandaisso dans le département de Touba sont exploitées et exportées. Les réserves de diamants à Séguéla sont estimées à plusieurs milliers de carats. Celles des mines d'or de Tengréla atteignent deux millions de tonnes (SODEMI, 1981). Cette situation de richesse minière n'est absolument pas en phase avec la logique du terrain. Malgré ces nombreux gîtes, on ne note aucune unité industrielle. L'exploitation est de type artisanal. Les seules unités industrielles ayant existé datent de l'ère coloniale et ont été démantelées dans les années 1970. Il s'agit de SODIAMCI à Diarabana et WASHINGTON à Bobi. Le travail de mines constitue cependant pour les communautés villageoises, des sources de revenus non négligeables.

II.2- L'industrie

Outre son rôle moteur dans la croissance, on reconnaît à l'industrialisation un rôle sociologique de premier plan. C'est à ce titre que J. M. Albertini, par exemple souligne : « *il est difficile de concevoir le passage d'une société traditionnelle à une société moderne sans les transformations sociales et mentales qu'entraîne l'industrialisation*[47] ». En Côte d'Ivoire, l'industrialisation a longtemps été considérée comme l'une des « *voies royales* » du développement et de l'indépendance économique. La politique de planification industrielle au lendemain de l'indépendance de ce pays le démontre:

• 1961-1970 : mise en place d'industries de substitution aux industries coloniales ;

• 1971-1980 : diversification des catégories et des zones d'industries dans le pays ;

• 1981-1990 : intensification de la phase de 1971 à 1980 ;

• 1991 à nos jours : privatisation des industries d'Etat, diversification des débouchés, recherche d'une grande compétitivité des produits industriels, etc. (Géographie 3ème, NEA, Côte d'Ivoire, 1998).

Ainsi, l'industrialisation a-t-elle toujours été un objectif privilégié de l'Etat de Côte d'Ivoire. Malheureusement, les résultats n'ont pas encore répondu aux attentes. Les objectifs de développement économique et social qui lui avaient été assignés n'ont pas encore été atteints.

---

[47] G. Cazes et J. Domingo, 1991, op, cit.

Les régions nord-ouest de la Côte d'Ivoire sont l'une des zones défavorisées en matière d'industrialisation en dépit des nombreux atouts naturels et humains dont elles disposent. La description du paysage industriel laisse apparaître beaucoup de distorsions et de déséquilibres dans cet espace géographique.

D'une manière générale, les régions de savanes comptent moins d'établissements industriels. Seule la ville de Bouaké, en régions savanicoles en dispose plusieurs: ERG (textile), SITAB (tabac), TRITURAF (huilerie), FIBAKO (sacs), SOCITAS (filature), etc.

Excepté le complexe sucrier de Borotou-Koro, seul poumon industriel du domaine d'étude, on ne cite que quelques entreprises d'égrenage de coton à Séguéla, Boundiali, etc. L'importance relative de l'activité industrielle dans la région de Touba s'explique par la présence de ce complexe (*Sucrivoire*) autour duquel le travail se révèle important pour les populations riveraines. La campagne de sucre à l'usine dure environ six mois ainsi que la culture de canne villageoise qui, elle, s'étend sur toute l'année. Outre le complexe sucrier, le domaine est pauvre en unités industrielles. Seules Séguéla, Boundiali et Odienné ont chacune une usine d'égrenage de coton.

Cette gamme d'industries dans le domaine d'étude est essentiellement constituée d'industries légères. On note une absence totale d'industries importantes comme la société de raffinage (SIR), le montage automobile (DONG-FENG, CARICI et SOTRA-Industrie) ou les cimenteries (CPA) à Abidjan et à San-Pédro. Ici le paysage industriel est dominé par les industries alimentaires tributaires des produits agricoles locaux.

Dans les régions nord-ouest de la Côte d'Ivoire, l'industrie emploie une part minime de la population active. Elle n'occupe seulement que 8 % de la population active (DSRP-I, 2002). La part de l'industrie ne représente que le ¼ du produit intérieur brut (PIB) des régions nord-ouest de la Côte d'Ivoire.

La rareté d'unités de transformation explique en partie le grand mouvement des populations vers le Sud du pays dans les zones portuaires et forestières (avant la crise politico-militaire de 2002).

Conclusion

L'étude géographique des régions nord-ouest de la Côte d'Ivoire permet de dégager trois aspects: un aspect physique, un aspect humain et un aspect économique.

Pour **le cadre physique**, on retient que c'est un milieu aux caractéristiques naturelles riches et diversifiées. Des complexes granitoïdes constituent l'essentiel de la structure *géologique*. Le *relief* est très accidenté sur la façade ouest. Les *plateaux* sont cependant le type de *modelé* dominant. Ils sont ponctués par endroit de zones de *cuirassement*. Du point de vue *pédologique*, les sols ferralitiques moyennement et faiblement désaturés abondent dans la Région. On note aussi par endroit des sols ferrugineux. Sur le plan *hydrologique*, le domaine d'étude est parcouru par d'importants cours d'eau dont le *Sassandra* en est le principal.

Les caractéristiques climatiques du domaine d'étude sont fortement influencées par les mécanismes généraux de la circulation atmosphérique en Afrique de l'Ouest. Le climat se compose de deux sous-variantes du *climat soudanien*. Le *climat sud-soudanien* entre 8 et 9°N et au-delà jusqu'au 10°50'N, on a le *climat nord-soudanien*. C'est un domaine où alternent annuellement les alizés et la mousson. La pluviométrie annuelle varie globalement entre 1200 et 1600 mm. *La végétation* se dégrade selon la latitude. De la savane préforestière à 8°N, on aboutit à une savane arborée vers le 10°50'N dans l'extrême nord.

Sur **les aspects humains**, on note que le *peuplement* des régions nord-ouest de la Côte d'Ivoire est à l'image des autres contrées du pays. Le peuplement s'est fait par vagues successives d'immigrants avant le tracé des frontières nationales par le colonisateur. L'étude *démographique* révèle un potentiel humain bien spécifié dans ses *effectifs* et sa *croissance*, sa *structure* et sa *répartition* dans l'espace géographique. C'est une population qui croît très vite dans le temps et qui connaît une répartition contrastée dans l'espace.

Les activités économiques reposent fondamentalement sur l'agriculture aux moyens de production sommaires. Cette *agriculture* reste fortement soumise aux aléas du climat. On note l'émergence et le développement relatif de plusieurs activités annexes autour de cette principale activité. *L'exploitation minière* reste une activité dynamique malgré son manque d'organisation. *L'industrie*, en dépit de quelques implantations agro-alimentaires, reste encore dans l'impasse. Cette étude du cadre géographique va favoriser l'analyse de l'évolution climatique du domaine d'étude.

DEUXIEME PARTIE :

EVOLUTION CLIMATIQUE DES REGIONS NORD-OUEST DE LA CÔTE D'IVOIRE

Introduction

Par comparaison au Sud forestier, les quantités de pluie au Centre et au Nord sont moindres. Les totaux annuels par station vont de 900 à 1600 mm. Cela permet de qualifier cette zone d'humide. Dans les régions nord-ouest du pays, les pluies ont diverses caractéristiques. Leur répartition dans l'espace reste souvent confuse. *Contrairement à d'autres analyses climatiques qui peuvent utiliser des paramètres parfois multivariés, celle-ci se fera exclusivement à travers **la pluviométrie, la température** et **le bilan climatique**.*

L'analyse s'évertuera d'abord à donner des *indicateurs de la pluviométrie*. Parmi ces indicateurs, nous ne retiendrons ici que les régimes pluviométriques à travers leur répartition dans l'année, mais aussi leur caractère variable dans le temps. Cette variabilité interannuelle et interdécennale sera analysée à travers ***les indices de Nicholson.***

Elle caractérisera ensuite *l'évolution des quantités de pluie*. Pour ce faire, on utilisera divers outils et méthodes statistiques dont ***les écarts normalisés*** pour l'évolution interannuelle de la pluviométrie, ***les quintiles pluviométriques*** pour son évolution interséquentielle, etc. A l'issue de cette analyse, il sera important d'examiner la problématique de la *rupture* dans la chronique[48] 1951-2008. Ce sera à travers le ***test de Pettitt*** et la ***segmentation de Hubert.***

La caractérisation de l'évolution thermique utilisera deux échelles. Elle se fera à travers les indices de Nicholson sur la même période (1951-2008).

Enfin, cette analyse déterminera *l'évolution climatique* au travers ***des indices de sécheresse.***

---

[48] : Période sur laquelle porte l'étude.

CHAPITRE I : ANALYSE DES INDICATEURS DE LA PLUVIOMETRIE

Ce premier chapitre comprend trois analyses. Les deux premières sont basées sur des observations directes faites à partir des totaux mensuels et annuels de la pluviométrie pour déterminer ses caractéristiques propres. Nous analyserons donc les régimes pluviométriques à travers leur **répartition** dans l'année. Ensuite, pour dégager la **variabilité** des quantités de pluie, nous utiliserons la méthode statistique reposant sur *les indices de Nicholson*.

I- Analyse de la répartition mensuelle et spatiale de la pluviométrie

Il s'agit ici d'une comparaison des quantités moyennes recueillies dans le temps et selon les régions. En effet, de cette observation directe de la situation pluviométrique dans les savanes de Côte d'Ivoire de l'extrême ouest, on s'aperçoit que la répartition des quantités précipitées varie dans le temps et selon les milieux écologiques. Cela veut dire que les pluies sont inégalement réparties dans *le temps* et dans *l'espace*.

I.1- Analyse de la répartition mensuelle de la pluviométrie

La répartition mensuelle de la pluviométrie est très inégale dans le domaine d'étude. Les mois de novembre à février sont secs sur l'ensemble de la zone alors que les mois de mars à octobre sont pluvieux.

La mauvaise répartition des quantités de pluie est une réalité dans la mesure où d'un mois à l'autre, il n y a pas de report de hauteurs pluviométriques. Du début (1951) de la série chronologique à la fin (2008), les mois secs restent novembre, décembre, janvier et février tandis que les plus humides demeurent juillet, août et septembre. Le caractère *unimodal* apparaît comme le trait fondamental des régimes pluviométriques des stations d'observations. D'une station à l'autre, le nombre de mois humides peut varier. Dans les régions où la pluviométrie est plus atténuée (Tengréla, Kasséré et Kouto), les mois de mars et octobre oscillent entre les tendances sèche et humide. Si on enregistre encore des quantités de pluie en janvier et février à Odienné, c'est bien à cause de la forte orographie. D'une façon générale, en raison de l'inégale répartition des quantités de pluie, les mois de mars et octobre sont en train de basculer de nos jours, dans la tendance des mois secs. On assiste à une *accentuation* du caractère *unimodal* qui tend à se limiter à un nombre réduit de mois humides dans l'année. La comparaison des moyennes pluviométriques des périodes (1951-1960 et 2001-2008) en donne une illustration (figure 25).

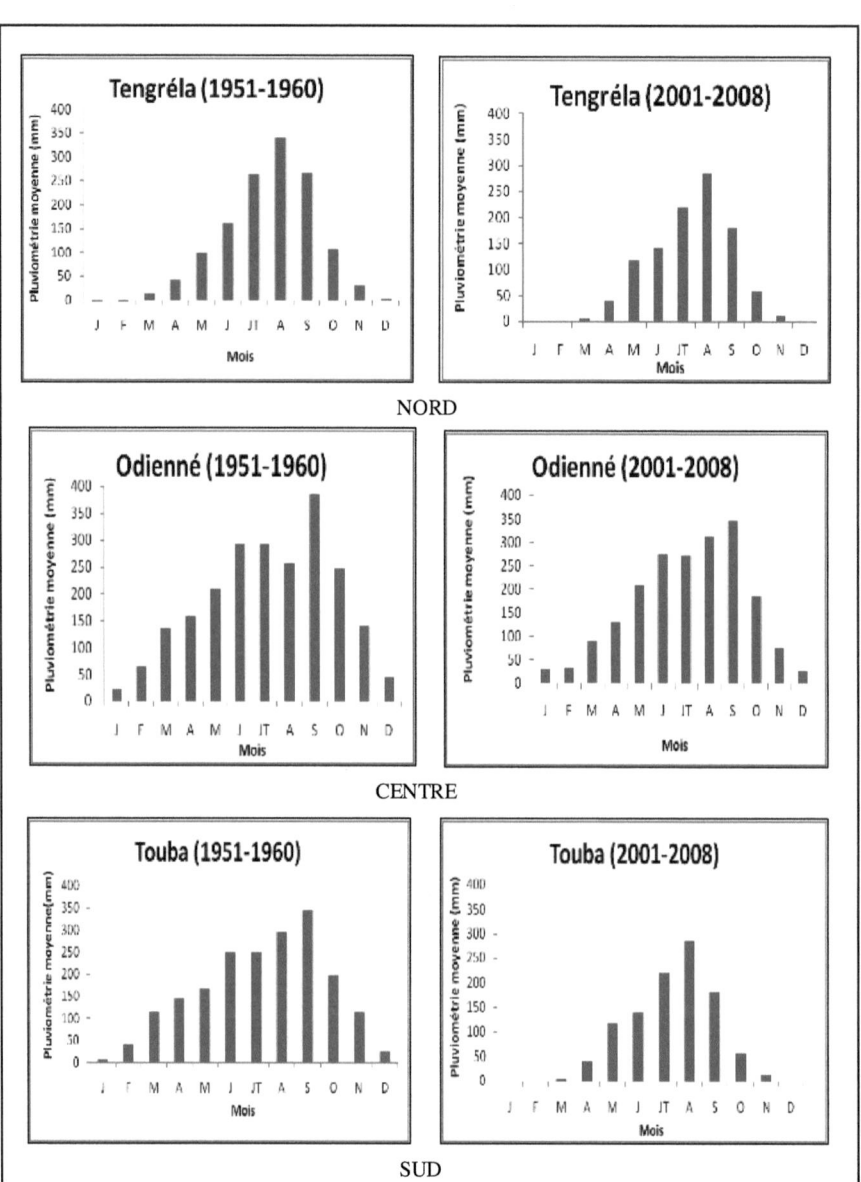

Figure 25 : Répartition mensuelle de la pluviométrie en 1951 et en 1995 dans les régions nord-ouest ivoiriennes

I.2- Analyse de la répartition spatiale de la pluviométrie

La mauvaise répartition de la pluviométrie s'observe également dans l'espace géographique. En raison des totaux pluviométriques annuels mal répartis sur les stations, on peut distinguer deux types de milieux écologiques : *les milieux fortement arrosés* et *les milieux faiblement arrosés*.

I.2.1- Les milieux fortement arrosés

Il s'agit des régions du Sud (Touba, Séguéla, Borotou et Kani) et du Centre (Odienné, Madinani, Boundiali). Ces régions sont parcourues par les isohyètes allant globalement de 1300 et 1500 mm (figure 26). Leur forte pluviosité s'explique par l'influence du relief. La proximité de la Dorsale guinéenne fait de ces régions des zones d'élévations et d'inselbergs, mais aussi de hauts plateaux à l'échelle de la Côte d'Ivoire. Ces effets orographiques favorisent des chutes fréquentes et importantes de pluie.

Au sein de cet ensemble, un léger avantage est accordé aux régions de Touba au Sud-Ouest et d'Odienné au Centre-Ouest. Elles enregistrent plus de quantités précipitées que les régions de Séguéla (Sud-Est) et Boundiali (Centre-Est). Ainsi les effets orographiques produisent plus d'impacts pluviogéniques sur le milieu environnant immédiat.

Néanmoins, la répartition reste forte entre la région de Séguéla et d'Odienné. Séguéla, en dépit de sa position centrale est plus proche de la zone forestière du Sud. Cette ville bénéficie de l'influence pluviométrique liée à ce milieu écologique forestier. Mais la vigueur de l'orographie favorise de fortes chutes de précipitations à Odienné.

La situation pluviométrique des régions intermédiaires de Kani, Borotou et de Madinani reste fortement influencée par le milieu ambiant le plus proche. Cependant, elles bénéficient parfois de conditions pluviogéniques doubles. Par exemple, la localité de Kani, située à moins de 100 kilomètres de Séguéla et à un peu plus de 100 kilomètres de Boundiali, bénéficie des mêmes conditions climatiques que ces villes.

Il en est de même pour Borotou située entre Touba et Odienné. La forte pluviosité de cette localité s'explique par la proximité de la Dorsale guinéenne d'une part, et de l'autre, elle est influencée par la dynamique pluviométrique de Touba (à la lisière de la forêt de l'Ouest et proche de la Dorsale). Borotou est également proche d'Odienné qui enregistre les cumuls pluviométriques les plus élevés dans l'année à l'échelle du domaine d'étude (l'effet orographique y est très important). Borotou est donc une localité très arrosée. Les totaux annuels sont aussi élevés à Madinani en raison de sa proximité d'Odienné. La chaîne de Tiémé joue un rôle important en faveur de cette localité.

A l'échelle du domaine d'étude, les localités du Sud que sont Touba, Borotou, Séguéla et Kani se distinguent par des précipitations assez importantes dans l'année.

I.2.2- Les milieux faiblement arrosés

Dans ce vaste domaine géographique du Nord-Ouest de la Côte d'Ivoire, seule la grande région de Tengréla enregistre les plus faibles totaux pluviométriques. Les totaux moyens varient entre 1000 et 1200 mm par an. Cependant, Tengréla fait partie intégrante de la façade ouest du pays supposée bénéficier des effets orographiques. Mais, compte tenu de son éloignement de la Dorsale guinéenne, elle en reçoit moins que les régions de Touba et d'Odienné.

Entre Boundiali et Tengréla, se trouve la ville de Kouto. Moins arrosé que Boundiali mais légèrement au-dessus des quantités de Tengréla, le poste pluviométrique de Kouto a enregistré une moyenne annuelle de 1300 mm en cinquante ans (1951-2000). Les quantités y sont plus élevées que celles de Tengréla dans le septentrion. A l'Est de Kouto, Kasséré enregistre moins de pluie que Kouto. Cette localité a une position plus continentale que toutes les autres stations d'observation. Elle apparaît ainsi comme la seconde ville recevant moins de précipitations à côté de Tengréla.

Le fait que les quantités de pluie soient relativement réduites dans cette région trouve sa raison dans sa position en latitude. En effet, Tengréla est située entre 10 et 10°50'N de latitude, soit à environ 860 km d'Abidjan ou de l'océan Atlantique. Elle bénéficie moins des effets de la mer. C'est le même facteur qui explique la situation pluviométrique dans les communautés rurales de Kouto et de Kasséré.

Dans les régions nord-ouest de la Côte d'Ivoire, les précipitations sont globalement régies par le mouvement latitudinal de la Zone Intertropicale de Convergence. Dans une lecture directe de la carte pluviométrique de ces régions, l'on s'aperçoit que les pluies observent des rythmes saisonniers avec des mois humides et des mois secs. Dans le temps, le caractère unimodal de la pluviométrie a évolué. En 1951, cette situation s'observait déjà. Depuis 1980, ce caractère unimodal s'est accentué. De nos jours, soit depuis les années 2000, cette situation se traduit par une baisse de plus en plus confirmée des quantités précipitées dans la mesure où il n'y a pas de report de pluviométrie d'un mois ou d'une année sur l'autre.

Dans cet espace géographique, on assiste à un déséquilibre dans la distribution pluviométrique. Une disparité régionale s'est instaurée; faisant ainsi des zones moins arrosées à côté des milieux plus arrosés (figure 26).

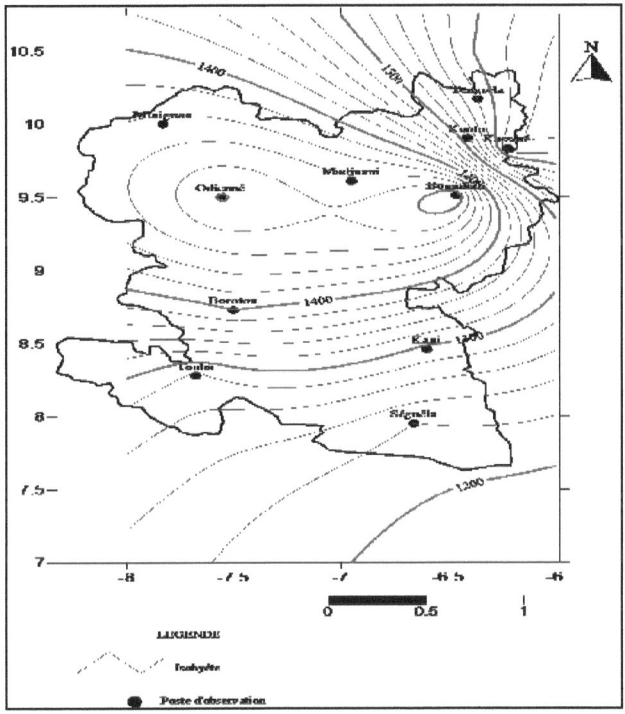

Figure 26 : Cartes des Isohyètes de 1951 à 2008 dans les régions nord-ouest ivoiriennes (Diomandé. 2008)

II- Analyse de la variabilité spatio-temporelle de la pluviométrie

L'étude de la variabilité à travers **les indices de Nicholson** permet de rendre compte des différentes fluctuations intervenues dans l'évolution de la pluviométrie entre 1951 et 2008. Dans le temps, deux ordres de grandeur sont à observer : la variabilité d'une année à une autre (interannuelle) et la variabilité d'une décennie à une autre (interdécennale). La variabilité de la pluviométrie permet de statuer sur son caractère *dynamique* dans le temps et sa *divergence* dans l'espace.

II.1- Analyse de la variabilité interannuelle de la pluviométrie

Elle va être analysée dans le temps et dans l'espace.

II.1.1- Analyse temporelle de la variabilité interannuelle de la pluviométrie

De 1951 à 2008, l'analyse de l'évolution interannuelle de la pluviométrie indique bien une *variabilité*[49] dans une vue synoptique de la situation pluviométrique des régions nord-ouest de la Côte d'Ivoire. Cependant, il ne s'agit pas de creuset aussi significatif entre les indices. Les valeurs des indices sont moins élevées. En moyenne, elles tournent autour de -5. Les indices rejoignent ici les coefficients de variation qui indiquaient un écart moyen très faible. Cet écart varie entre **1** et **6** ou **7** sur l'ensemble des observations (tableau 10). De même, l'écart-type observé d'une station à une autre n'offre pas de résultats vraiment intéressants. Cette faible variabilité peut amener à penser à une constance dans l'évolution interannuelle des cumuls pluviométriques. En fait, de même que la plupart des phénomènes naturels dans leur évolution, celui du climat nécessite une échelle de temps assez longue. Aussi dans l'espace, cette variabilité n'indique-t-elle pas de résultats impressionnants entre les stations d'observation. Cela pourrait éventuellement s'expliquer par la relative proximité des différents postes d'observation. En fait, les stations d'observation appartiennent à un même grand domaine climatique. De ce fait, la situation pluviométrique est presque similaire sur l'ensemble du domaine d'étude et ce, de 1951 à 2008.

D'une manière plus approfondie, une variabilité relativement significative s'observe dans la période post 1970. A partir de cette date, on constate une rupture d'avec les premières années de la série. On entre dans une nouvelle phase de comportement pluviométrique. Celle-ci est marquée par une chute plus prononcée des indices de variation. Néanmoins, au sein de chaque séquence, on note une uniformisation sensible des indices. C'est dire que l'écart moyen entre ces différents indices est très faible.

---

[49] : Fluctuations ou oscillations ponctuelles ou saisonnières dans l'évolution pluviométrique.

Tableau 10 : **Taux de variation (%) de la pluviométrie de 1951 à 2008 dans le domaine d'étude**

Année	Tengréla	Odienné	Boundiali	Touba	Séguéla	Kasséré	Madinani	Kouto	Borotou	Kani
1951	20,05	15,56	21,75	15,64	20,53	20,89	16,50	18,06	15,74	16,85
1952	19,81	15,53	21,74	14,97	20,32	20,75	16,38	17,52	15,50	16,53
1953	19,81	15,61	21,82	14,90	19,73	20,84	16,38	17,46	15,50	15,95
1954	19,85	15,18	21,82	14,99	19,86	20,83	15,74	17,19	15,24	15,99
1955	19,22	13,92	21,77	13,95	19,85	21,01	15,05	16,42	14,23	15,85
1956	19,37	14,02	21,87	13,87	20,02	20,74	14,99	16,40	14,31	15,97
1957	19,54	14,15	21,99	13,96	20,20	20,93	15,09	16,56	14,45	14,35
1958	19,41	13,81	21,76	13,25	18,57	18,77	14,57	16,05	14,04	14,48
1959	19,29	13,94	21,81	13,35	18,57	18,78	14,71	16,16	14,17	14,48
1960	18,94	14,05	21,94	13,24	18,73	18,96	14,86	16,26	14,25	14,62
1961	18,25	14,19	22,16	13,31	18,69	17,77	15,01	16,02	14,31	14,62
1962	17,79	14,30	22,06	13,14	18,52	17,90	15,17	16,17	14,46	14,76
1963	17,56	14,36	22,21	13,28	16,52	17,71	15,12	16,00	14,40	13,73
1964	17,64	14,18	22,45	13,13	16,60	17,60	14,92	16,08	14,44	13,86
1965	17,00	14,03	22,67	13,15	16,79	16,36	14,75	15,43	14,53	13,93
1966	17,18	14,17	21,43	13,31	16,87	16,01	14,36	15,50	14,69	14,03
1967	17,38	14,28	21,56	13,32	17,06	14,92	14,20	15,67	14,68	14,19
1968	15,32	14,32	21,81	13,44	17,26	14,91	14,11	15,06	14,33	14,09
1969	15,33	14,44	21,08	13,47	16,57	14,86	14,23	14,92	14,44	13,77
1970	14,70	14,55	20,66	13,64	16,78	13,41	13,79	14,27	13,81	13,91
1971	14,67	14,72	19,90	13,72	16,82	12,63	13,70	14,00	13,98	13,74
1972	14,83	14,49	19,77	13,57	16,45	12,72	13,38	14,13	13,83	13,66
1973	14,87	14,32	17,52	13,75	16,59	12,87	13,39	14,29	12,72	12,75
1974	14,87	14,51	17,73	13,10	16,71	13,03	13,04	14,48	12,75	12,89
1975	15,08	14,61	14,73	13,18	16,94	13,22	13,17	14,69	12,69	13,00
1976	14,76	14,83	14,88	13,04	17,05	13,29	13,26	14,91	12,88	13,14
1977	14,75	14,36	15,06	13,22	17,31	13,36	13,38	14,59	13,08	13,29
1978	14,98	14,58	14,67	13,22	17,19	13,39	13,38	14,76	13,21	10,61
1979	15,19	14,62	14,77	13,32	16,28	13,54	13,52	14,98	13,42	9,95
1980	15,34	14,48	14,65	13,19	16,56	13,68	13,73	14,73	13,04	10,09
1981	15,37	14,74	14,88	13,42	16,60	12,84	13,85	14,98	8,11	9,77
1982	15,52	14,98	15,08	13,11	16,90	13,04	14,10	15,22	8,05	9,93
1983	15,73	14,97	15,01	13,09	17,19	12,67	14,36	15,50	7,77	9,44
1984	15,53	14,56	13,29	13,30	16,83	12,06	13,67	14,85	7,85	9,48
1985	14,76	14,71	12,92	12,39	16,75	12,28	13,66	15,13	7,53	9,23
1986	15,08	14,43	13,19	11,92	16,21	12,53	13,85	15,06	7,35	8,76
1987	14,56	13,57	13,33	12,08	16,44	12,75	13,41	15,40	7,36	8,91
1988	14,88	12,30	13,25	11,92	16,70	12,84	12,80	15,76	7,36	8,90
1989	14,80	12,25	13,50	12,07	17,11	13,14	11,67	15,30	7,54	9,07
1990	15,17	12,47	13,84	12,22	16,77	13,46	11,95	15,49	7,72	9,26
1991	15,54	11,93	13,74	12,45	16,41	13,42	11,48	15,91	7,77	9,51
1992	15,50	11,94	13,66	12,40	16,37	13,18	11,44	16,33	7,67	9,78
1993	15,49	9,70	13,81	12,77	15,49	12,33	10,55	16,70	7,19	10,03
1994	14,78	8,33	11,97	12,99	15,35	12,64	8,98	16,84	7,42	9,89
1995	15,24	8,62	11,55	12,48	15,85	12,78	9,13	15,25	7,49	8,74
1996	14,44	8,94	11,98	12,95	16,06	13,26	9,47	14,72	7,77	9,06
1997	15,03	9,27	12,13	12,74	13,98	13,78	9,59	14,76	7,97	9,19
1998	15,68	9,21	9,77	10,62	13,94	14,38	8,50	15,42	8,03	8,67
1999	13,28	9,54	9,76	10,94	10,72	11,78	8,77	14,29	8,09	8,48
2000	8,12	7,92	10,26	9,48	9,59	7,20	8,54	9,86	7,58	8,40
2001	8,17	7,33	7,14	8,57	9,26	7,64	7,81	9,34	8,02	8,41
2002	8,62	7,84	7,63	8,50	9,31	8,00	8,35	9,93	7,83	8,31
2003	9,11	8,30	8,10	9,15	10,04	8,46	8,83	10,51	8,37	8,94
2004	9,84	9,08	8,86	8,47	9,26	9,15	9,65	11,33	8,11	8,30
2005	10,91	7,27	7,12	8,56	9,26	10,16	7,75	12,53	8,60	8,44
2006	12,06	7,95	7,71	9,88	10,69	10,94	8,61	14,23	9,84	9,74
2007	14,75	9,28	8,90	10,79	12,18	13,40	10,24	17,33	9,94	10,48
2008	20,59	10,73	9,77	10,56	14,26	18,84	12,86	23,82	3,34	9,44
moyenne	**15,54**	**12,69**	**15,90**	**12,56**	**16,06**	**14,38**	**12,72**	**15,18**	**11,05**	**11,65**

II.1.2- Analyse spatiale de la variabilité interannuelle de la pluviométrie

Dans l'espace, la variabilité n'a pas la même ampleur. D'un poste d'observation à un autre, les indices n'ont pas la même évolution. Les trois principales stations intérieures que sont Tengréla, Boundiali et Séguéla s'individualisent par des indices de variabilité relativement élevés sur l'ensemble de la zone. Il en est de même pour les stations de liaison de Kani et de Kasséré qui ont des taux de variation significatifs (tableau 10). Ces localités ont la même position géographique que les trois principales villes citées plus tôt. Cette situation exceptionnelle, pourrait s'expliquer par leur éloignement de la Dorsale guinéenne. Cela limite l'effet de l'orographie dans ces régions. Cependant, la variabilité pluviométrique à Tengréla et Kasséré reste relativement importante par rapport aux autres régions citées. Nul doute, ces stations ont connu durant la période 1951-2008, des séquences sèches plus marquées mais ponctuées par quelques périodes pluvieuses et humides significatives. Les courbes de variabilité au niveau de ces stations montrent de fortes oscillations.

Par contre, les régions d'Odienné et de Touba, par leur situation d'extrême ouest, aux confins de la Dorsale guinéenne, sont constamment soumises aux influences de celle-ci. Seule Odienné observe les indices les plus faibles dans la variation. Cela veut dire que le poste enregistre très peu de variations[50]. C'est une constance dans la fréquence pluviométrique.

Touba n'est pas en phase avec cette donne. On y enregistre des indices de variabilité sensiblement élevés. Est-ce par erreur, faute d'enregistrement ou panne technique ? La suite des analyses nous en situera davantage. Sinon cette station, de part sa position géographique, jouit de plusieurs avantages pluviogéniques. Les indices sensiblement élevés à Borotou justifient cette situation confuse. En effet, cette localité se situe dans une position similaire par rapport aux deux autres. Borotou est située entre Touba et Odienné. Cette ville de Borotou reçoit une quantité appréciable de pluie dans la mesure où elle puise ses avantages pluviogéniques des effets du relief. A Madinani, la fluctuation est également faible. Ce qui nous paraît bien justifié en raison de la proximité de cette localité d'Odienné (figures 27 et 28).

L'ensemble des stations du Sud (Touba, Borotou, Séguéla et Kani) et du Centre (Odienné, Madinani et Boundiali) indiquent une variabilité qui s'améliore au cours de la période 2001 et 2008. Il y a à la fois des baisses et des hausses assez significatives. Cela est

---

[50] : Modifications dans l'évolution pluviométrique occasionnées par la fréquence de variabilité ou d'oscillation.

dû d'une part, à la hausse relative des totaux annuels des quantités précipitées comme en 20008 et, d'autre part, à des séquences d'années sèches marquées (2001-2002 et 2006-2007) au cours de la même période. Par ailleurs, les stations du Nord que sont Tengréla, Kasséré et Kouto, au cours de cette même période, n'ont pas enregistré de chutes de pluie aussi exceptionnelles. Cette configuration assez complexe et apparemment confuse de la situation pluviométrique de ces dernières années s'explique par plusieurs faits.

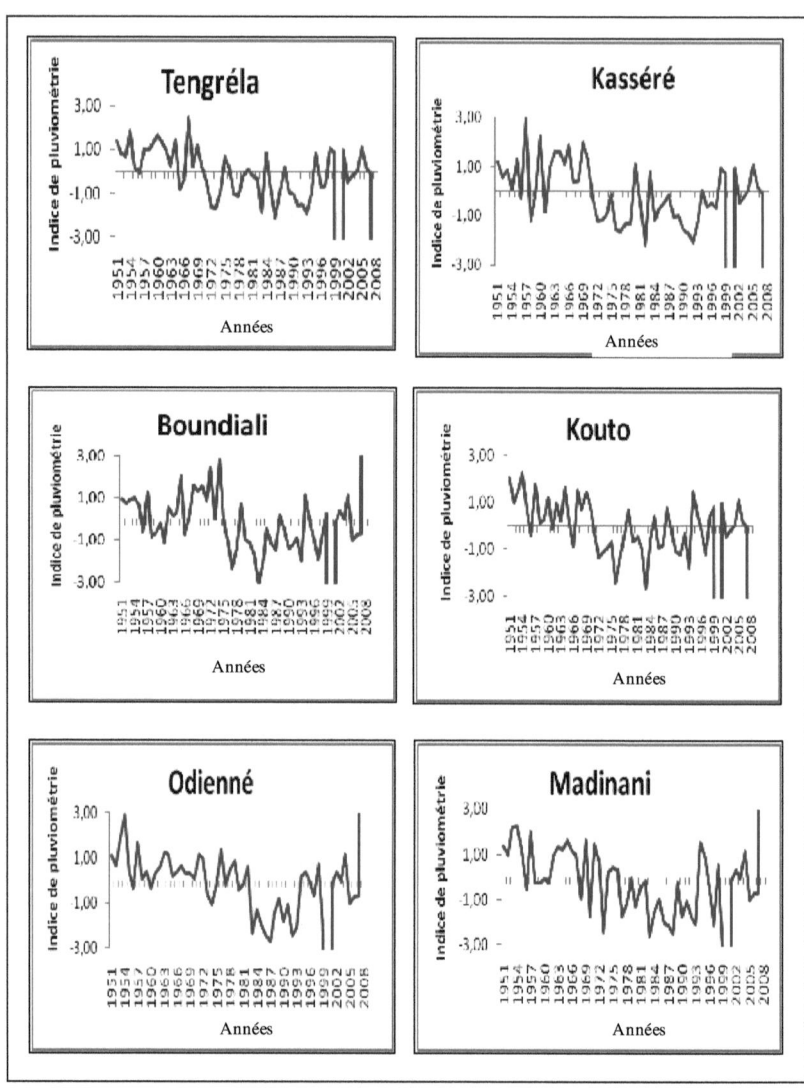

Figure 27 : Variabilité interannuelle de la pluviométrie dans la zone nord-soudanienne du domaine d'étude (1951-2008)

95

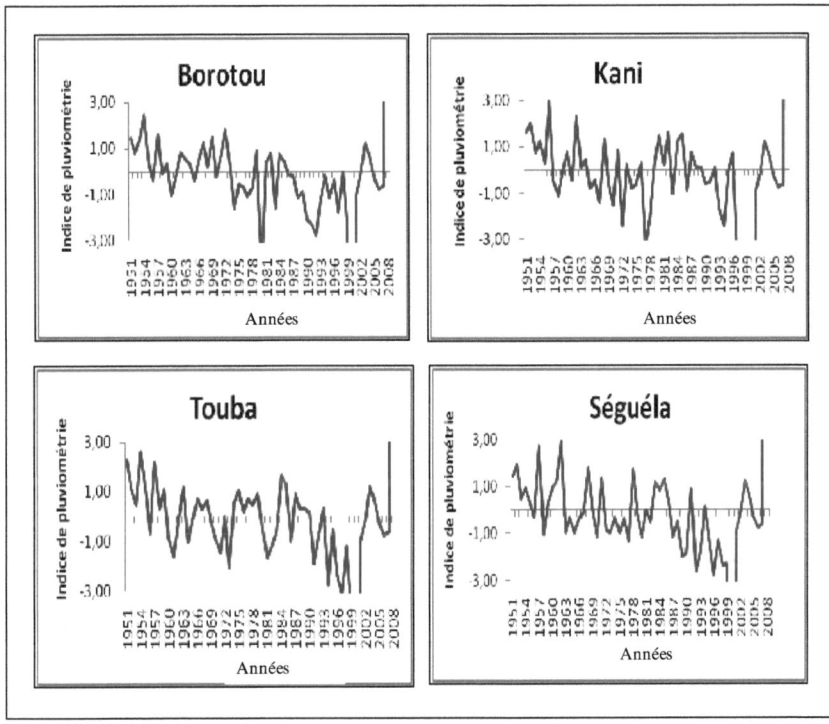

Figure 28 : Variabilité interannuelle de la pluviométrie dans la zone sud-soudanienne du domaine d'étude (1951-2008)

D'abord, du point de vue méthodologique ou opérationnel, la situation des précipitations qui varie d'une région à une autre est due à l'uniformisation ou la standardisation de données pluviométriques dans chaque région climatique. Des données étrangères ont été introduites dans les stations en fonction de leur appartenance à la région climatique. Même si ces données étrangères appartiennent à la même région climatique que les stations, elles peuvent néanmoins produire des effets de variabilité assez importante. En effet, il est à noter qu'en raison de la multiplicité des facteurs de pluviométrie, il est possible d'enregistrer des quantités différentes de pluie dans deux stations d'observation situées à des endroits différents d'une même localité.

Ensuite, d'un point de vue climatique, les fluctuations importantes sont le fait de la succession d'années humides et d'années sèches durant ces dernières années qui sont marquées par la recrudescence de phénomènes météorologiques extrêmes (inondations, sécheresse, etc.). Dans ces localités du Sud du domaine d'étude, des cas d'inondations ont été observées en 2003-2004 et en 2008. Aussi, dans cette aire géographique assez vaste, est-il tout à fait justifié que le comportement pluviométrique diverge, car il existe plusieurs régions climatiques en son sein. C'est sans nul doute pourquoi, d'une zone à une autre, les indices varient assez significativement.

Au total, on constate une faible variabilité dans l'évolution des quantités de pluie d'une année à une autre. Cette variabilité est restée monotone du début jusque dans les années 1970 où l'écart moyen entre les quantités de pluie recueillies par an a commencé à se creuser. Depuis cette date, nous rentrons dans une nouvelle phase pluviométrique. Cette dernière se caractérise par une variabilité assez importante par rapport à la première période. Ainsi l'année 2008 indique sur l'ensemble des stations, une hausse considérable des indices de variabilité.

La variabilité interannuelle a indiqué des indices assez mitigés d'une année à l'autre. Au début de la chronologie, ils sont très faibles et à la fin, ils s'améliorent. Cet état de fait est certainement dû au pas de temps choisi qui est l'«*année*».

II.2- Analyse de la variabilité interdécennale de la pluviométrie

On peut l'analyser dans le temps et dans l'espace.

II.2.1- Analyse temporelle de la variabilité interdécennale de la pluviométrie

L'analyse interannuelle de variabilité des hauteurs pluviométriques à partir des indices de Nicholson n'indique pas une variabilité assez significative. Cette situation est due à l'échelle de temps moins longue. Or, les phénomènes climatiques, notamment la péjoration du climat ne devient plus significative que dans une série chronologique assez importante (décennie, normale, siècle,...). C'est pourquoi avec la décennie comme "**pas de temps**", la variabilité devient significative.

La décennie 1951-1960 reste constante sur l'ensemble de la zone d'étude. Elle n'a pratiquement pas connu de variation. Mais à partir de la décennie suivante, la situation pluviométrique connaît une légère variation, notamment à Odienné, Touba, Tengréla, etc. où l'on enregistre une forte et exceptionnelle baisse (tableau 11).

Tableau 11 : Indices de Nicholson appliqués à la pluviométrie du domaine d'étude (1951-2008)

Année	Tengréla	Odienné	Boundiali	Touba	Séguéla	Kasséré	Madinani	Kouto	Borotou	Kani
1951	1,37	1,11	0,97	2,27	1,44	1,17	1,37	2,02	1,49	1,67
1952	0,81	0,66	0,74	1,15	1,94	0,52	1,01	0,98	0,85	2,02
1953	0,68	1,89	0,93	0,51	0,51	0,84	2,21	1,47	1,47	0,74
1954	1,83	2,91	1,01	2,63	0,94	0,06	2,29	2,24	2,50	1,24
1955	0,19	0,36	0,63	1,10	0,27	1,29	1,12	0,76	0,36	0,31
1956	-0,04	-0,32	-0,64	-0,65	-0,27	-0,30	-0,53	-0,42	-0,31	2,98
1957	1,00	1,69	1,29	2,20	2,75	2,93	2,01	1,76	1,62	-0,46
1958	0,95	0,04	-0,84	0,35	-1,04	-1,20	-0,22	0,14	-0,06	-1,10
1959	1,29	0,41	-0,65	1,11	0,28	-0,06	-0,22	0,22	0,39	-0,04
1960	1,67	-0,31	-0,21	-0,82	0,97	2,20	-0,07	1,17	-0,98	0,78
1961	1,35	0,37	-1,10	-1,59	1,19	-0,87	-0,24	-0,15	-0,20	-0,42
1962	0,98	0,62	0,56	-0,23	2,93	1,00	1,02	0,95	0,84	2,33
1963	0,26	1,25	0,16	1,19	-0,94	1,58	1,33	0,21	0,55	0,13
1964	1,43	1,16	0,30	-1,04	-0,34	1,58	1,27	1,67	0,34	0,45
1965	-0,78	0,19	2,09	-0,11	-0,95	1,09	1,62	0,20	-0,31	-0,79
1966	-0,40	0,38	-0,72	0,72	-0,38	1,85	1,18	-0,89	0,66	-0,42
1967	2,44	0,63	0,11	0,32	-0,09	0,35	1,02	1,49	1,26	-1,39
1968	0,21	0,32	1,64	0,64	1,78	0,42	-0,90	0,66	0,22	1,35
1969	1,20	0,33	1,32	-0,22	-0,14	1,97	1,63	1,42	1,51	-0,66
1970	0,22	0,08	1,59	-0,92	-1,11	1,30	-1,70	0,76	-0,18	-1,51
1971	-0,44	1,16	0,89	-1,44	1,36	-0,25	1,46	-0,34	0,78	0,89
1972	-1,62	1,02	2,46	-0,01	-0,87	-1,23	0,72	-1,39	1,83	-2,41
1973	-1,69	-0,62	0,00	-2,05	-0,94	-1,18	-2,39	-1,13	0,26	0,26
1974	-0,95	-1,07	2,85	0,59	-0,34	-0,95	0,24	-0,99	-1,61	-0,77
1975	0,68	-0,17	0,00	1,06	-0,94	-0,11	0,45	-0,70	-0,54	-0,64
1976	0,15	1,39	-1,15	0,18	-0,37	-1,56	0,36	-2,46	-0,64	0,30
1977	-1,02	-0,18	-2,30	0,73	-1,31	-1,65	-1,71	-1,43	-1,06	-3,32
1978	-1,13	0,53	-1,38	0,48	1,77	-1,31	-1,17	-0,50	-0,66	-2,07
1979	-0,18	0,86	0,73	0,92	-0,15	-1,31	-0,03	0,68	0,92	0,36
1980	0,07	-0,40	-0,95	-0,42	-1,13	1,09	-1,29	-0,69	-4,24	1,48
1981	-0,18	-0,15	-1,11	-1,64	-0,02	-0,54	-0,38	-0,47	0,40	0,22
1982	-0,32	0,61	-1,71	-1,17	-0,49	-2,19	-0,15	-0,97	0,79	1,63
1983	-1,87	-2,33	-3,10	-3,10	1,19	0,78	-2,59	-2,68	-1,58	-1,03
1984	0,80	-1,31	-2,06	1,66	0,86	-1,19	-1,54	-0,56	0,78	1,26
1985	-0,78	-1,99	-0,44	1,29	1,33	-0,69	-0,96	0,39	0,45	1,55
1986	-2,13	-2,45	-1,15	-1,00	0,29	-0,47	-2,02	-0,96	-0,12	-0,86
1987	-0,99	-2,70	-1,45	0,90	-1,15	-0,15	-2,09	-0,82	-0,15	0,76
1988	0,16	-1,44	0,21	0,32	-0,50	-1,03	-2,45	0,76	-1,09	0,14
1989	-0,93	-0,79	-0,43	0,32	-1,99	-1,02	-0,20	-0,18	-0,89	0,10
1990	-1,01	-1,81	-1,37	0,16	-1,85	-1,59	-1,72	-1,10	-2,06	-0,57
1991	-1,53	-1,05	-1,24	-1,89	0,91	-1,71	-1,01	-1,01	-2,30	-0,51
1992	-1,48	-2,44	-0,86	-0,69	-2,62	-2,06	-1,75	-0,37	-2,73	0,09
1993	-1,89	-2,09	-1,93	0,36	-1,79	-1,18	-2,03	-1,81	-1,25	-1,71
1994	-1,04	0,20	1,15	-2,72	0,15	0,03	1,55	1,43	-0,12	-2,42
1995	0,84	0,38	-0,14	-0,54	-1,41	-0,60	0,87	0,47	-1,11	-0,06
1996	-0,72	-0,01	-0,89	-2,34	-0,48	-0,48	-0,63	-0,24	-0,34	0,71
1997	-0,60	-0,67	-1,91	-3,10	-1,31	-0,69	-2,09	-1,22	-1,78	-4,36
1998	1,05	0,74	-0,61	-1,21	-2,34	0,94	0,56	0,44	0,00	-5,72
1999	0,88	0,28	-2,37	0,29	-4,13	-2,28	0,70	-3,57	-2,48	-7,10
2000	-1,63	-0,04	-2,03	-1,07	-1,55	-1,30	-2,40	-1,70	-1,50	-2,00
2001	0,94	-0,12	-0,12	-0,97	-0,97	0,94	-0,12	0,94	-0,97	-0,97
2002	-0,47	0,38	0,38	-0,12	-0,12	-0,47	0,38	-0,47	-0,12	-0,12
2003	-0,20	-0,01	-0,01	1,23	1,23	-0,20	-0,01	-0,20	1,23	1,23
2004	0,03	1,18	1,18	0,69	0,69	0,03	1,18	0,03	0,69	0,69
2005	1,08	-0,99	-0,99	-0,28	-0,28	1,08	-0,99	1,08	-0,28	-0,28
2006	0,17	-0,70	-0,70	-0,74	-0,74	0,17	-0,70	0,17	-0,74	-0,74
2007	-0,08	-0,66	-0,66	-0,61	-0,61	-0,08	-0,66	-0,08	-0,61	-0,61
2008	-1,55	1,53	1,53	2,46	1,46	-3,55	1,53	-3,55	152,46	152,46
1951-60	1,63	0,80	0,39	0,84	0,72	0,63	0,84	1,17	0,71	0,70
1961-70	0,71	1,35	0,56	-0,14	0,18	1,14	0,60	0,77	0,76	-0,07
1971-80	-0,77	0,31	0,19	-0,01	-0,26	-0,96	-0,25	-1,07	-0,28	-0,41
1981-90	-0,81	-1,30	-1,29	0,01	-1,44	-1,00	-1,49	-0,69	-0,31	0,36
1991-00	-0,48	-0,64	-0,73	-1,39	-0,96	-0,53	-0,52	-0,28	-1,31	-0,92
2001-08	-1,92	0,33	0,33	0,10	0,10	-1,92	0,33	-1,92	0,10	0,10

La décennie 1961-1970 a très peu fluctuée. La véritable variabilité apparaît à partir de la décennie 1971-1980 où toutes les stations connaissent un début de changement de régime (figure 29). Les hauteurs de pluie ont chuté et ne se redressent que très difficilement ou même plus jamais au cours des dernières décennies (1981-1990, 1991-2000).

De 2001 à 2008, la fluctuation n'est pas contraire à cette nouvelle donne. Les indices de variation deviennent de plus en plus significatifs. Les stations du Centre et du Sud du domaine d'étude indiquent des indices nettement meilleurs. On y enregistre respectivement en moyenne **18,96** et **16,70**. Au Nord du domaine d'étude, c'est plutôt une chute significative des indices **-16,51**.

II.2.2- Analyse spatiale de la variabilité interdécennale de la pluviométrie

D'une station à l'autre, la fluctuation pluviométrique n'est pas effectivement uniforme. Mais une lecture d'ensemble du domaine d'étude n'indique pas d'écart significatif entre les indices de variation. Cependant, on note quelques singularités remarquables à Tengréla, Odienné et Touba. Plusieurs faits justifient cette importante variabilité dans ces localités. La station de Tengréla se situe dans la zone à pluviométrie limitée par rapport aux autres contrées de la zone d'étude. L'importance de la variabilité à Tengréla témoigne de l'existence dans le temps, de longues séquences sèches ponctuées seulement par quelques années pluvieuses. D'où, la dégradation de la situation pluviométrique s'accentue de plus en plus dans cette région. Le taux très significatif de **103,92%** en témoigne aisément (tableau 11). Ainsi, plus que toutes les autres stations du domaine d'étude, Tengréla, située plus dans le septentrion, a-t-elle connu de 1951 à 2008, plusieurs séquences sèches à côté de séquences pluvieuses sporadiques. L'importance de l'indice de variation est donc liée à l'apport pluviométrique. Plus cet apport est limité dans le temps et dans l'espace, plus les indices sont significatifs (si cet apport limité est ponctué par des apports pluviométriques importants). Les figures 29, 30 et 31 en illustrent amplement.

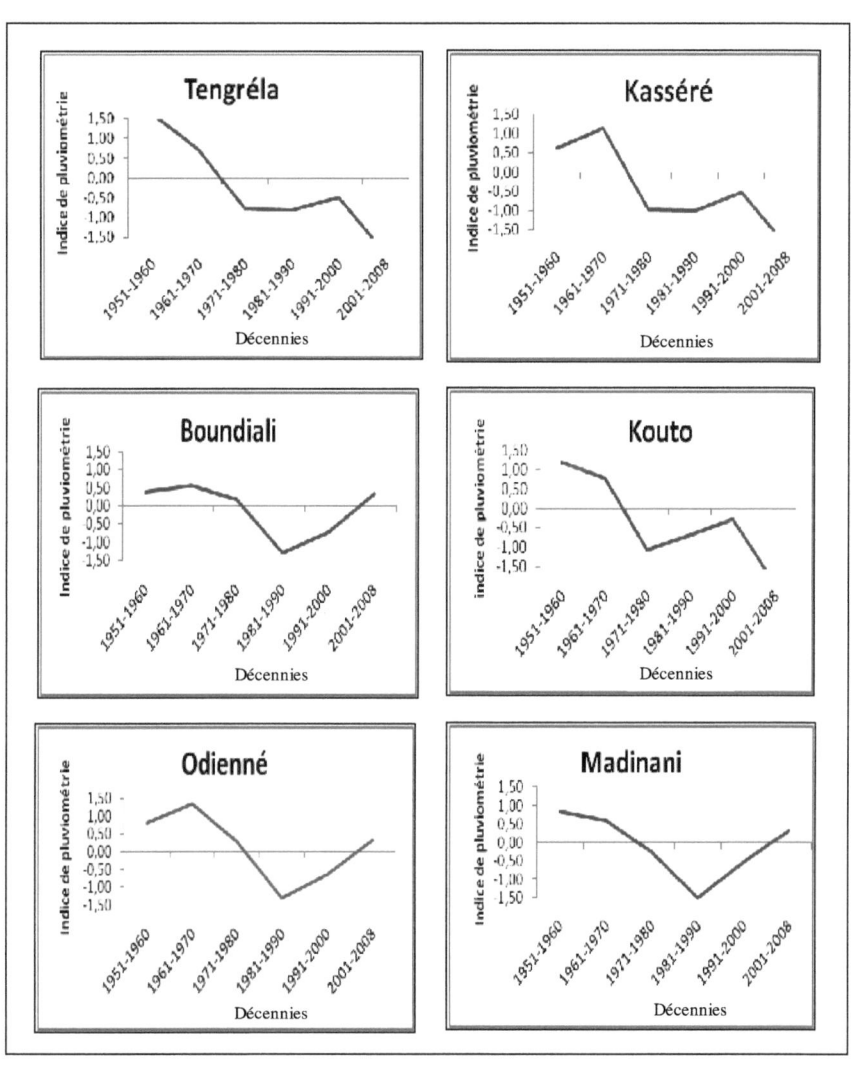

Figure 30 : Variabilité interdécennale de la pluviométrie dans la zone nord-soudanienne du domaine d'étude (1951-2008)

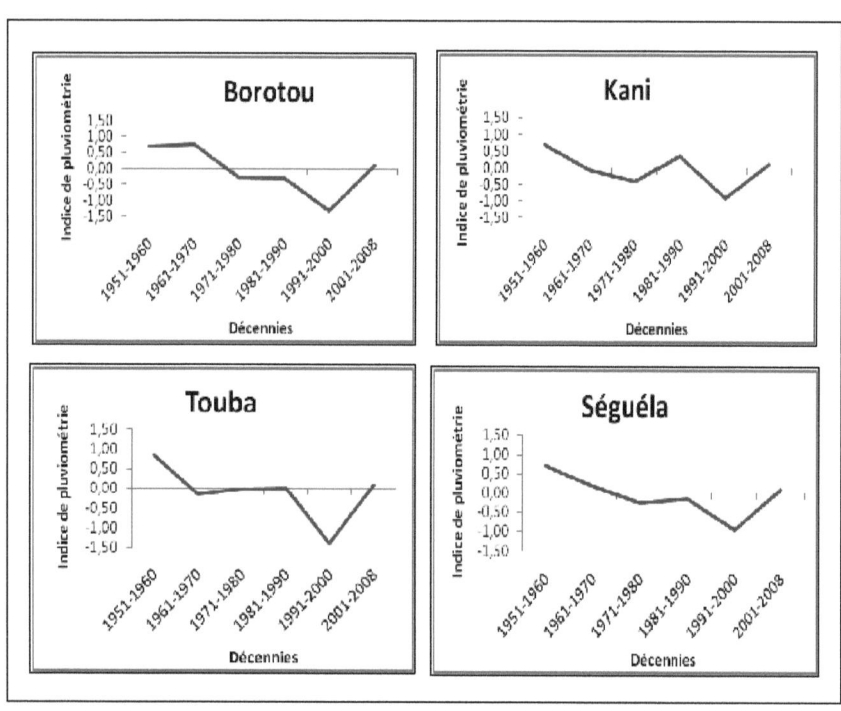

Figure 31 : Variabilité interdécennale de la pluviométrie dans la zone sud-soudanienne du domaine d'étude (1951-2008)

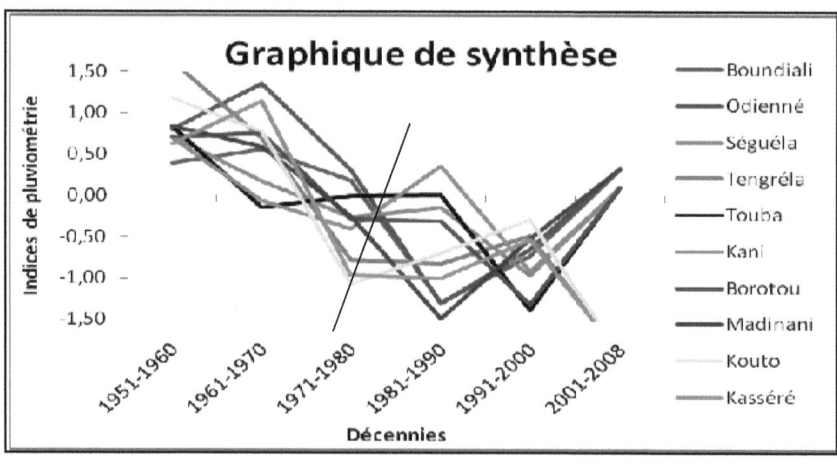

Figure 32 : Variabilité interdécennale de la pluviométrie dans le domaine d'étude (1951-2008)

La ligne oblique noire indique la décennie de rupture dans l'évolution pluviométrique.

101

On observe une légère similitude dans l'évolution de la variation à Boundiali, Touba et Odienné. Dans ces régions, les indices de variation ont plutôt montré une baisse plus ou moins significative à partir de 1970. Cependant, cette situation n'explique ni la hausse des quantités de pluie au cours des dernières décennies, ni leur chute dans le temps. Elle pourrait tout simplement témoigner de la relative constance entre les hauteurs de pluie depuis 1970. Ni trop bas, ni trop hauts, les cumuls pluviométriques annuels ont un écart moyen très faible. L'absence d'un indice très significatif au niveau de la décennie montre que cette échelle reste courte.

Les stations du Sud et du Centre indiquent certes des indices relativement élevés de 2001 à 2008 à l'échelle du domaine d'étude, mais ils sont l'expression de phénomènes météorologiques extrêmes de ces dernières années. En réalité, les pluies se raréfient dans le temps. Plus les années avancent, plus les quantités de pluie se réduisent. Par moment, cette donne est contrariée par de fortes pluies. Elles ne gonflent que les cumuls annuels de pluviométrie. Mais elles améliorent peu les conditions climatiques générales de la zone. Au contraire, elle subit des érosions importantes. Ce sont en fait les fortes pluies et les sécheresses successives qui donnent ces valeurs élevées aux indices de variation.

De même que les stations principales, les stations intermédiaires localisées dans les zones rurales n'indiquent pas une variation importante dans leur ensemble au début de la chronique. La station de Kasséré, au cours de la décennie 1951-60 s'est distinguée par une chute brutale avant de se stabiliser durant les autres décennies (1961-70, 1971-80 et 1981-90). Par la suite, elle va amorcer, avec la décennie 1991-2000, une nouvelle phase ; celle d'une remontée timide. Madinani, en dépit de sa relative proximité avec Odienné n'a pas observé les fluctuations assez prononcées de cette dernière. La situation singulière de Touba reste ici notoire avec une véritable chute dans la décennie 1991-2000.

Madinani, Kouto et Kasséré enregistrent des chutes durant les premières décennies de la série d'observation. Mais, à partir des dernières décennies, la situation pluviométrique affiche un redressement. Ces stations se situent dans le même degré-carré que respectivement Tengréla, Boundiali et Odienné. Leur comportement pluviométrique nous paraît justifié. Borotou et Kani ont observé par contre des variations similaires : des chutes continues durant les décennies récentes. Cette évolution est bien proche de celle affichée par Touba. Borotou est une localité située près de Touba. Elle est donc sous l'influence des mêmes caractéristiques pluviogéniques que cette ville.

On peut noter que la variation ne devient importante que lorsque des séquences sèches alternent avec des séquences humides dans une série chronologique. Une analyse temporelle plus détaillée nous permet de faire des observations. A Odienné, la baisse de la pluviométrie a commencé depuis la décennie 1961-70. A Séguéla, elle n'a été significative qu'à partir de la décennie 1981-1990. Ainsi la variabilité spatiale dans l'évolution pluviométrique n'est pas toujours uniforme.

On retient que les pluies sont inégalement distribuées dans cet espace géographique, dégageant ainsi deux entités pluviométriques : une zone faiblement arrosée, l'extrême nord de la zone (régions de Kouto, Kasséré et Tengréla) et une zone bien arrosée, le Centre de la zone d'étude (Odienné, Madinani, Boundiali) et les régions méridionales qui sont celles de Touba, Borotou, Séguéla et Kani.

Dans l'espace, la variabilité constatée se présente sous diverses formes selon les zones écologiques : une variabilité relativement accélérée à Tengréla et Kasséré plus au Nord ; une variabilité faible au Centre de la zone d'étude (Odienné- Boundiali et régions associées) et enfin une variabilité très faible dans le secteur méridional, c'est-à-dire dans les régions de Touba et Séguéla.

Les localités intermédiaires renforcent l'analyse et permettent d'avoir une meilleure lecture de la situation pluviométrique dans le domaine d'étude. Elles tranchent l'incertitude que pourrait susciter la grande distance entre les différents postes d'observation.

Sans doute, d'autres analyses sur l'évolution spatio-temporelle des cumuls pluviométriques pourraient aboutir à des résultats plus plausibles.

CHAPITRE II: ANALYSE DE L'EVOLUTION DE LA PLUVIOMETRIE

L'analyse de la variabilité a montré le caractère dynamique de la pluviométrie dans les régions nord-ouest de la Côte d'Ivoire. La présente analyse s'intéressera au *caractère évolutif* de la pluviométrie. L'intérêt de cette étude est de cerner à partir d'observations des quantités brutes et d'analyses statistiques, l'évolution[51] de la pluviométrie dans le temps et dans l'espace, c'est-à-dire de voir comment la pluviométrie a évolué au cours de la période 1951-2008. Elle permettra d'indiquer, à partir d'indices, si la situation pluviométrique s'est améliorée ou au contraire si elle s'est dégradée au cours des cinquante-huit années étudiées. Ce sont donc les **tendances**[52] qui sont réellement visées dans la présente étude. Après avoir caractérisé l'évolution de la pluviométrie, nous nous intéresserons ensuite à l'éventualité d'une *rupture* dans la chronique 1951-2008.

I- Evolution de la pluviométrie

Pour mener cette analyse, nous utiliserons successivement des méthodes statistiques. Nous évaluerons la situation pluviométrique dans deux paramètres différents. D'abord, *l'évolution interannuelle* sera analysée d'une part, à travers les *quantités brutes* et d'autre part, avec les *écarts normalisés*. Ensuite, *l'évolution interséquentielle* et *la classification* feront successivement l'objet d'une autre analyse à travers la *sériation par quintiles*.

I.1- Evolution interannuelle de la pluviométrie

Nous analyserons l'évolution interannuelle de la pluviométrie à travers deux méthodes: les *totaux annuels* et les *écarts normalisés*.

I.1.1- Evolution interannuelle des totaux pluviométriques

Une simple lecture des totaux annuels de pluviométrie dans les régions nord-ouest de la Côte d'Ivoire indique la chute dans leur évolution dans le temps (figure 32). En effet, dans les années 1950, les quantités de pluie étaient nettement élevées. Ces quantités sont de nos jours en nette régression. Par exemple, en 1951 à la station d'Odienné, le total pluviométrique s'élevait à *1762,9 mm*. En 1995, les quantités ont beaucoup diminué et elles n'atteignaient plus que *1500 mm*. En 2000, elles se retrouvent à *1400 mm*. En termes de moyenne

---

[51] : Etude de tendances. La fréquence des fluctuations offre une caractéristique de baisse ou de hausse à la pluviométrie dans le temps.
[52] : Caractéristique ou orientation particulière attribuée à l'évolution pluviométrique.

pluviométrique, le constat est le même. De 1951 à 1972, la moyenne pluviométrique s'élevait à *1655,4 mm* à Odienné. Cette moyenne a chuté entre 1973 et 2008 et n'atteint plus que *1409,5 mm* avec une différence estimée à *245,9 mm* de pluie (figure 32). Cet exemple reste une constante sur l'ensemble du domaine d'étude. Par exemple, en 1951 à Tengréla, au mois de janvier et février, l'on pouvait enregistrer quelques millimètres de pluie. Depuis 1995, cela devient une situation exceptionnelle lorsqu'on y enregistre des quantités pluviométriques. Ces deux mois sont devenus de nos jours des mois secs.

Cependant, dans de rares stations telles que Touba et Séguéla, cette situation était encore possible en 1995, mais elle est difficile depuis 2000. Ainsi, l'évolution des quantités de pluie dans ce domaine d'étude reste une importante préoccupation.

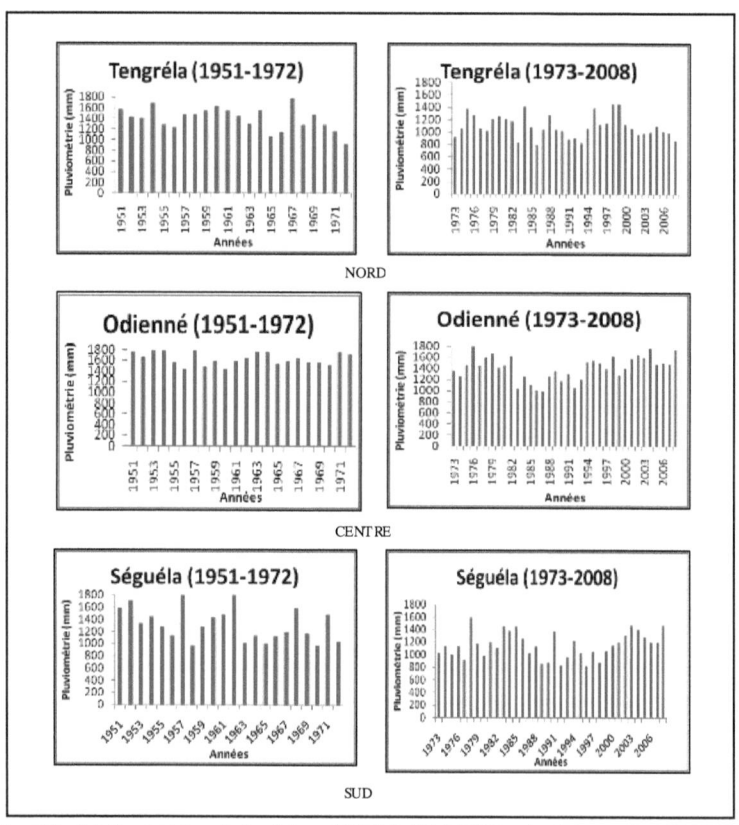

Figure 33 : Evolution des totaux pluviométriques 1951-1972 et 1973-2008 dans les régions nord-ouest ivoiriennes

I.1.2- Evolution interannuelle de la pluviométrie à partir des écarts normalisés

Les écarts normalisés sont une méthode statistique pouvant servir dans l'analyse de l'évolution climatique dans une chronique. Ils procèdent non seulement à la scission de la série en deux parties (*déficitaires* et *excédentaires*), mais ils opèrent en plus une subdivision de chacune d'elle. On obtient ainsi des sous-classes : *déficitaire* et *très déficitaire*, *excédentaire* et *très excédentaire*. L'une des qualités reconnues à l'analyse selon les écarts normalisés est bien l'évaluation des quantités de pluie au sein des différentes parties. En effet, les écarts normalisés permettent de valoriser la hauteur pluviométrique des différentes années de la série chronologique.

Les figures 33 et 34 indiquent les écarts normalisés entre 1951 et 2008 dans les dix stations synoptiques, agroclimatologiques et postes pluviométriques du domaine d'étude. On a une configuration plus nette des différentes années de la série. Le repère étant l'axe des abscisses 0 %, les valeurs au-dessus de cet axe indiquent les années pluviométriques excédentaires et celles en-dessous expriment les années de déficit pluviométrique.

Sur les deux figures, la partie excédentaire regroupe plusieurs années qui sont reparties sur deux grandes périodes. Nous avons d'abord *une période de régularité pluviométrique qui part de 1951 à 1972*. Cette phase est caractérisée par un regroupement d'années assez pluvieuses dans l'ensemble. Cette période est donc globalement caractérisée d'humide. Au sein de ladite période pluvieuse, la séquence[53] la plus humide va de 1951 à 1955. En effet, pendant cette période, on observe une constante pluviosité au niveau de nos différentes stations. De 1962 à 1972, on a une période relativement humide. On y rencontre des séquences pluvieuses qualifiées de relatives à cause des quantités pluviométriques. Mais au cours de cette même période, des années caractéristiques de la sécheresse (déficit pluviométrique) se dégagent : c'est le cas de 1956 et de 1960 dans une moindre mesure. Des années consécutives de déficit pluviométrique s'individualisent également: de 1958 à 1967 et de 1969 à 1972.

Nous avons ensuite *une période d'irrégularité pluviométrique qui part de 1973 à 2008*. Ici, les années humides se raréfient. Les années pluvieuses qui se distinguent sont : 1975, 1976, 1978, 1979, 1994, 2002, 2003 et 2004. Les séquences humides disparaissent complètement après 2004.

---

[53] : Ensemble ou groupe d'années consécutives ayant la même caractéristique.

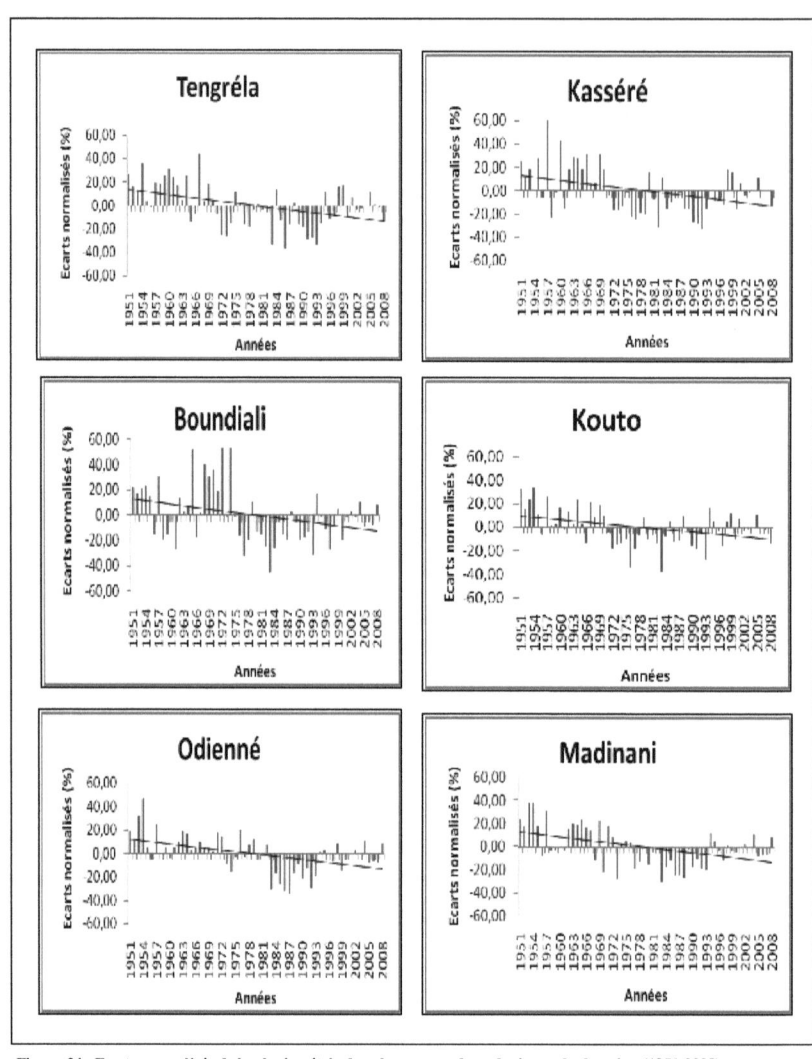

Figure 34 : Ecarts normalisés de la pluviométrie dans la zone nord-soudanienne du domaine (1951-2008)

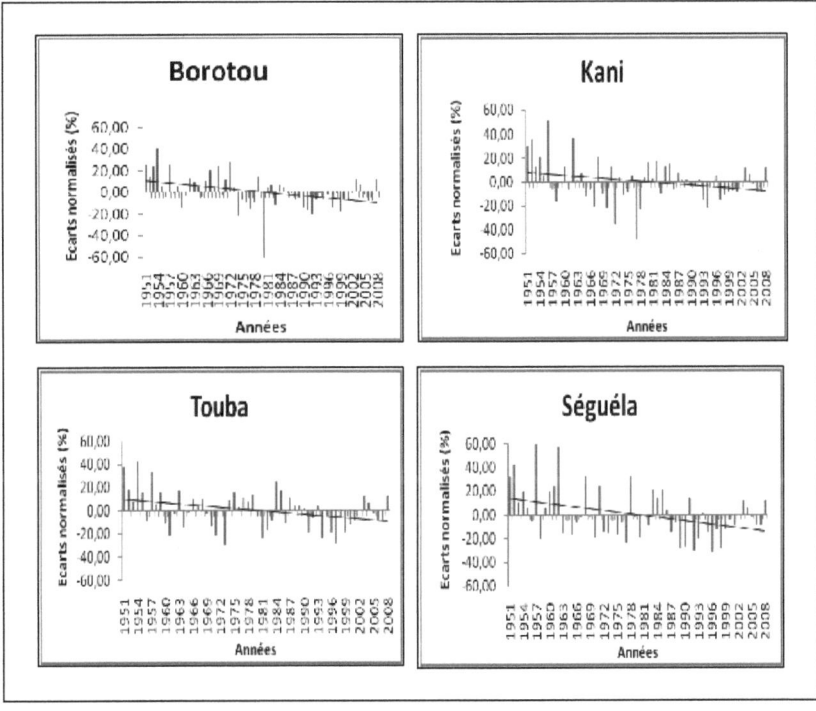

Figure 35 : Ecarts normalisés de la pluviométrie dans la zone sud-soudanienne du domaine d'étude (1951-2008)

Au sein de chaque période, la valeur pluviométrique des années est clairement exprimée par la taille de la barre sur les figures 33 et 34. En fonction des quantités exprimées, on peut distinguer d'une part *des années très excédentaires*. Ces années se singularisent par leurs valeurs élevées des indices, soit au-dessus de 20 %. Il y a aussi *des années excédentaires* comprises entre 5 et 20 % (par exemple : 1953, 1955, 1962, 1966, etc.). On y observe aussi des années de pluviométrie moyenne (entre -5 et 5 %). Ce sont : 1981, 1989, 1970, 1971, etc.

Sur la partie déficitaire des figures 33 et 34, on distingue deux tendances : une *tendance déficitaire* et une *tendance très déficitaire.* Cette partie, dans la série pluviométrique des régions nord-ouest de la Côte d'Ivoire, va de 1973 à 2008. Elle se caractérise globalement par son déficit pluviométrique. Plusieurs années sèches se succèdent. On peut en dégager deux principales périodes.

D'abord, de 1973 à 1990, la situation pluviométrique a connu des moments de déficit. De longs épisodes de sécheresse sont souvent séparés par quelques années pluvieuses isolées (1976 et 1984). Parmi ces séquences sèches, on a celles de 1973 à 1975 et de 1983 à 1990. Au niveau des valeurs exprimées, on situe la plupart de ces années dans la *tendance déficitaire*. La plupart des années ont une valeur des indices entre -5 et 0% et entre -20 et -5% pour les années de la tendance déficitaire. Pour cette dernière valeur, on cite en exemple l'année 1975.

Ensuite, une dernière séquence part de 1991 à 2008. Elle est une suite logique de la situation antérieure. Cette période voit le déficit pluviométrique s'accentuer. Les années humides se raréfient et l'on observe une extension et une multiplication des séquences sèches. La situation de 1991 à 1994 est ici édifiante. En valeur pluviométrique exprimée, la plupart des années de cette période sont en dessous de -20 %. C'est pourquoi, la tendance est caractérisée de *très déficitaire*. La majorité des dernières années de notre série chronologique est logée dans cette catégorie. Mais quelques années connaissent un excédent pluviométrique (2003, 2004 et 2008).

L'évolution des quantités de pluie dans le domaine s'apprécie aussi dans l'espace géographique. D'une station à l'autre, la taille, la structuration et l'organisation des barres numériques varient. Ce qui explique l'incohérence dans l'évolution de la situation pluviométrique sur l'ensemble du domaine d'étude. Mais globalement, la majorité des barres négatives se situent entre 1973 et 2008 même si on observe une oscillation entre le positif et le négatif au niveau des stations. D'où la tendance au dessèchement dans le temps et dans l'espace se confirme.

L'analyse de la situation pluviométrique à partir des écarts normalisés a permis de dégager des périodes puis des années caractéristiques dans ces périodes. Pour la période pluvieuse et par endroit (station), on retient 1967 et 1954 à Tengréla, dans la zone nord-soudanienne. A Kasséré, les années à forte pluviométrie sont : 1957, 1960, 1963, 1966, 1969. Les années très excédentaires à la station de Kouto sont : 1951, 1954, 1957, 1963 et 1967.

Au Centre du domaine d'étude, toujours dans la zone nord-soudanienne, on cite 1953 et 1954 à Odienné. Madinani indique également la même configuration. Les séquences excédentaires et très excédentaires s'observent en début de série. Ce sont par exemple les séquences 1951-1955 et 1962-1967. Des individualités très fortes y sont également à noter :

1954, 1955, 1957, 1966, 1970. A Boundiali, ce sont les années 1965, 1968 qui se particularisent par leur excédent.

On note aussi des années caractéristiques du déficit pluviométrique dans les stations. Ces années se concentrent pour la plupart dans la période 1973-2008, même si de 1951 à 1972, certaines années s'individualisent en présentant un déficit pluviométrique. Ce sont pour l'ensemble du domaine d'étude, les années 1977, 1983 et 1993. A titre d'exemple, dans l'extrême nord, on peut retenir à Tengréla 1972, 1984, 1987 et 1993 comme années déficitaires. A Kasséré, les années à forte pluviométrie sont : 1957, 1960, 1963, 1966, 1969. Les années déficitaires et très déficitaires se retrouvent surtout dans les séquences 1976-1979 et 1988-1994, et singulièrement l'année 1982. Les séquences déficitaires sont 1971-1978 et 1982-1984, puis les années particulières sont 1975, 1983 et 1993. Cependant, les forts déficits individualisés s'observent en 1970, 1973, 1978, 1983 et en 1989. A Boundiali, les années 1977, 1983 et 1993 ont montré également des déficits énormes. De même, à Odienné, les années 1983, 1986, 1987 et 1993 se distinguent (figure 33).

Dans la zone sud-soudanienne, on trouve les stations de liaison de Borotou et de Kani. A Borotou, on enregistre de forts excédents en 1954, 1957 et en 1972. Egalement au cours de la séquence allant de 1951 à 1954, des excédents s'observent. Des excédents moyens se signalent aussi entre 1966 et 1972. Il en est de même dans les stations principales de Touba où l'on retiendra les années 1954, 1951 et 1984 par ordre d'importance. Sur l'ensemble du domaine d'étude, ces années se caractérisent par leur excédent pluviométrique entre 1951 et 1972.

Vers la fin de la série chronologique, nous avons des cas de déficits pluviométriques. Par exemple de 1975 à 1979, on note des cas de déficits moyens. Les cas extrêmes sont intervenus en 1980, puis entre 1991 et 1993, 1998 et 2000 et enfin entre 2006 et 2007. Cette situation est illustrée à Kani où des années voire des séquences très excédentaires sont à relever : 1951-1957, 1963 et 1969. Aussi, plusieurs années excédentaires dont 1981, 1983, 1985 et 1986 sont-ils enregistrées. Par ailleurs, on y observe des cas d'extrêmes déficits : 1972, 1977-1978, et de déficits moyens tels qu'en 1993, entre 1996 et 1999 et enfin entre 2006 et 2007. Ailleurs comme à la station de Touba, la même configuration s'observe en 1973 et 1997, ainsi qu'à Séguéla en 1989, 1993, 1996 et 1997.

Cette analyse spatio-temporelle de l'évolution de la situation pluviométrique nous amène à observer la scission de la série en deux grandes périodes : une période de forte pluviosité (1951-1972) et une autre de faible pluviosité (1973-2008). La tendance pluviométrique est à la baisse dans le temps. Les années ne s'y comportent pas de la même manière. Dans les stations intermédiaires, la configuration pluviométrique est presque similaire à celles des stations principales. Celles-ci rendent compte, pour la plupart, de la situation qui prévaut au niveau des stations principales ou à quelques exceptions près.

L'évolution contrastée de la situation pluviométrique est justifiée par d'autres méthodes statistiques telles que les *moyennes mobiles*. En effet, cette méthode dans son filtrage des résultats, dégage les deux tendances allant globalement de 1951 à 1972 et de 1973-2008 (*Annexe 4*). Ainsi, la pluviométrie s'est différemment comportée durant les cinquante huit dernières années.

Cependant, dans l'une ou l'autre des parties, des années ou des séquences s'individualisent par leur extrême abondance ou faiblesse pluviométrique. Nous les expliquons souvent par des phénomènes météorologiques extrêmes comme les sécheresses ou les fortes pluies. Par exemple, les cumuls pluviométriques excédentaires de 2003, 2004 et 2008 dans la série sont dus à des précipitations exceptionnelles dans certaines stations du domaine d'étude.

L'analyse fréquentielle avec les quintiles va fournir d'autres caractéristiques intéressantes sur la pluviométrie des régions nord-ouest de la Côte d'Ivoire.

I.2- Evolution interséquentielle de la pluviométrie

Cette analyse comporte deux aspects. Dans un premier temps, nous procéderons à l'analyse de l'évolution interséquentielle de la pluviométrie. Ensuite, nous allons sérier ou classifier les différentes années avec le même outil, les quintiles.

I.2.1- Analyse de l'évolution interséquentielle de la pluviométrie

Les écarts normalisés ont permis une analyse interannuelle de l'évolution pluviométrique. La sériation par quintiles pluviométriques est un regroupement de plusieurs années.

A l'analyse, deux compartiments apparaissent. Ces compartiments correspondent aux classes. Au sommet de l'échelle, nous avons les classes des excédents. En-dessous, ce sont celles des déficits pluviométriques. Ces deux grands compartiments connaissent des subdivisions représentées sur le graphique par des couleurs. Ce sont les classes des années très excédentaires et des années excédentaires. En bas de l'échelle, ce sont les classes des années déficitaires et très déficitaires. Ces deux grands compartiments sont séparés par la classe des années ayant observé un comportement moyen dans l'évolution de la pluviométrie. C'est la classe moyenne. A la lecture des couleurs, on s'aperçoit que le haut du graphique, soit de 1951 à 1970 globalement, est dominé par les couleurs bleus. Le bas du graphique (1971-2008) a une dominance jaune et rouge (figure 35).

Cependant, les couleurs dominantes dans chaque compartiment sont souvent contrastées. Ainsi dans la partie supérieure, quelques couleurs jaunes et mêmes rouges apparaissent de façon ponctuelle. En bas, l'on note également des bandes de couleurs bleus et blanches. Cette situation pluviométrique s'explique par l'interruption de séquences pluvieuses par des périodes plus ou moins marquées de sécheresses sporadiques : exemple, 1958 et 1960 dans le domaine d'étude (figure 35). Par ailleurs, ce sont des séquences sèches qui sont alternées par des périodes pluvieuses. De telles situations sont fréquentes ces dernières années notamment.

La sériation par quintiles confirme dans ses conclusions, les résultats obtenus avec les écarts normalisés, c'est-à-dire une régularité des pluies en début de chronologie modifiée depuis les années 1970 par une nouvelle phase dans le comportement pluviométrique. C'est la période des irrégularités des quantités de pluie. C'est la tendance à la baisse de la pluviométrie dans le temps et la variabilité de son évolution dans l'espace géographique.

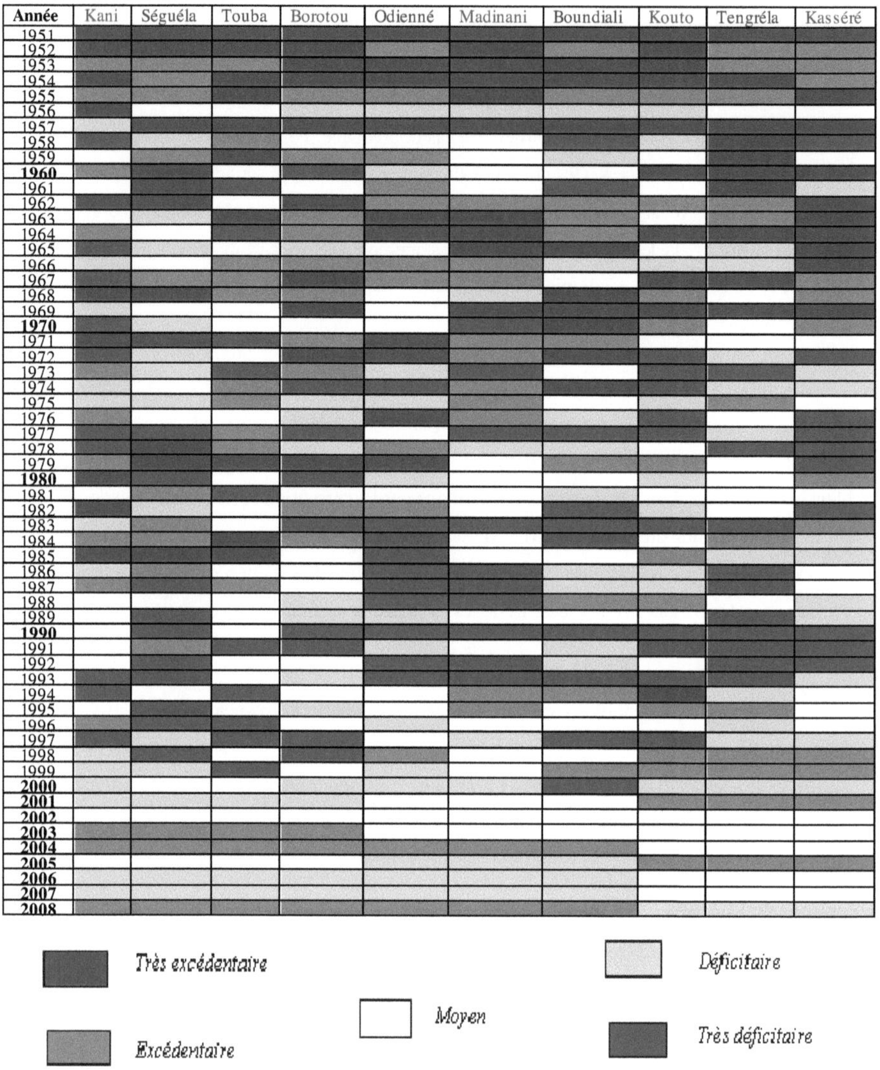

Figure 36 : Quintiles pluviométriques dans le domaine d'étude (1951-2008)

I.2.2- Classification des années en fonction de l'importance de la pluviométrie

Dans la présente analyse, c'est surtout *l'importance pluviométrique* qui est recherchée. Les critères de classification tiennent compte de deux paramètres : le cumul annuel sur l'ensemble des stations et la représentativité dans l'espace géographique.

En termes de classification, les différentes classes sont rangées dans un ordre décroissant. La première classe est ainsi la classe « *très excédentaire* ». Elle est suivie de la classe « *excédentaire* ». La troisième classe est la classe « *moyenne* ». En-dessous, on retrouve les classes « *déficitaire* » et enfin « *très déficitaire* » respectivement quatrième et dernière de la liste (tableau 12). La classification des années est fonction du rang au sein des classes. A la lecture de la carte pluviométrique du domaine d'étude, on s'aperçoit clairement que la situation pluviométrique s'est nettement dégradée dans le temps.

Une répartition des cinquante-huit années de la série chronologique en six classes de dix années est ainsi faite. Elle loge les dix premières années dans la classe très excédentaire. Les dix années suivantes sont qualifiées d'excédentaires. La quasi-totalité de ces vingt premières années appartient à la grande période de 1951 à 1972.

De 1973 à 2008, la situation pluviométrique du domaine d'étude s'est considérablement dégradée. Les années appartenant aux deux sous-classes mentionnées plus haut, déficitaires et très déficitaires se concentrent dans cette période. Ce sont les vingt-huit dernières années du classement. Ainsi les dix-huit dernières années qualifiées de très déficitaires sont également dites années exceptionnelles en termes de déficit. Enfin, la classe médiane ou moyenne se retrouve un peu de part et d'autre des deux compartiments distingués. On y retrouve les dix années de moyenne pluviométrie. Il s'agit là des dix années ayant observé un caractère médian en matière de pluviométrie (ni excédentaires, ni déficitaires).

Les différentes analyses statistiques à savoir, les indices de Nicholson, les écarts normalisés et les quintiles ont été successivement menées pour caractériser la pluviométrie dans les régions nord-ouest de la Côte d'Ivoire de 1951 à 2008. Ces analyses, différentes les unes des autres, sont cependant parvenues à la même conclusion selon laquelle la pluviométrie a un caractère **dynamique.** Cette dynamique se traduit par son **évolution.** La tendance dans l'évolution connaît une **baisse** de plus en plus significative. Cette modification profonde de la carte pluviométrique de ces régions est surtout partie des années 1970.

Tableau 12 : Classification par ordre décroissant d'importance de la pluviométrie

5		4		3		2		1			
rang	année	rang	année	rang	année	rang	année	rang	année	rang	année
1	1954	11	1967	21	2003	31	1974	41	1978	51	1991
2	1957	12	1963	22	1972	32	1999	42	1982	52	1986
3	1951	13	1960	23	1998	33	2002	43	1989	53	1997
4	1953	14	1971	24	1970	34	1961	44	1996	54	1990
5	1952	15	1965	25	1994	35	2005	45	2006	55	1992
6	1962	16	1979	26	1985	36	2001	46	2007	56	1983
7	1969	17	1959	27	1995	37	1976	47	2000	57	1993
8	1968	18	2004	28	1956	38	1988	48	1980	58	1977
9	1964	19	1966	29	1975	39	1981	49	1987		
10	1955	20	2008	30	1984	40	1958	50	1973		

De 1951 à 2008, l'analyse de l'évolution fait ressortir une modification de la carte pluviométrique du domaine d'étude. Cela veut dire que l'hypothèque de rupture reste de rigueur dans cette étude. Il importe donc pour nous de nous poser des interrogations comme suit : Y-a-t-il eu effectivement rupture dans l'évolution pluviométrique entre 1951 et 2008 ? A quand remonte cette rupture dans la chronique ?

II- Analyse de rupture dans la chronique avec le test de Pettitt

Les différentes analyses antérieures ont montré que l'hypothèse d'une rupture n'est pas à écarter dans l'évolution pluviométrique du domaine d'étude. Si la modification dans le comportement de la pluviométrie s'avère vérifiée, cela veut dire que de 1951 à 2008, nous sommes passés, dans cette évolution, d'une situation A à une situation B.

A l'analyse des résultats du test sur l'ensemble des dix stations, on remarque que le test s'est avéré positif avec une marge très significative quant à la présence de rupture dans la chronique allant de 1951 à 2008. Les différents résultats positifs sont ainsi libellés :

- *l'hypothèse nulle (absence de rupture) est rejetée au seuil de confiance à 99 % ;*
- *l'hypothèse nulle (absence de rupture) est rejetée au seuil de confiance à 95 % ;*
- *l'hypothèse nulle (absence de rupture) est rejetée au seuil de confiance à 90 %.*

D'abord, le test est un succès à 100 % dans sept stations d'observation sur les dix. Ce sont : Tengréla, Odienné, Boundiali, Kasséré, Madinani, Kouto et Borotou.

Les trois autres stations présentent des résultats mitigés. La présence de rupture n'est vérifiée qu'à 10 % à Séguéla avec la configuration suivante des résultats :
- *l'hypothèse nulle (absence de rupture) est acceptée au seuil de confiance à 99 % ;*
- *l'hypothèse nulle (absence de rupture) est acceptée au seuil de confiance à 95 % ;*
- *l'hypothèse nulle (absence de rupture) est rejetée au seuil de confiance à 90 %.*

Aux stations de Touba et Kani, la présence de rupture n'est pas du tout vérifiée avec la configuration suivante des résultats :
- *l'hypothèse nulle (absence de rupture) est acceptée au seuil de confiance à 99 % ;*
- *l'hypothèse nulle (absence de rupture) est acceptée au seuil de confiance à 95 % ;*
- *l'hypothèse nulle (absence de rupture) est acceptée au seuil de confiance à 90 %.*

En somme, au niveau des dix stations, le bilan du test de Pettitt est un peu mitigé. La présence de rupture dans la chronique à l'échelle du domaine d'étude est approuvée à 70 %. Ce résultat contrarie celui de Hubert quant à la présence de rupture sur l'ensemble du domaine d'étude (*Annexe 6*). L'évolution pluviométrique de 1951 à 2008 a connu certes des modifications, mais ces modifications varient d'une région climatique à une autre.

L'évolution du déficit pluviométrique est plus accentuée dans l'extrême nord. Par exemple, toutes les stations de cette zone (Tengréla, Kasséré et Kouto) connaissent une rupture dans l'évolution de la pluviométrie. En plus, dans ces régions, le phénomène s'est produit assez tôt par rapport aux autres régions (la période 1970-1971).

Au Centre, la situation est identique qu'au Nord. Boundiali, Madinani et Odienné marquent également une rupture dans la chronique. Cela est synonyme d'une accentuation, même relative, du phénomène dans ces régions au point d'en provoquer la rupture. Au Centre, c'est à partir de 1972 qu'elle fera son apparition : soit en 1972 à Madinani, 1975 à Boundiali et en 1979 à Odienné (tableau 13). Le Sud du domaine d'étude est la zone de contradiction selon le test de Pettitt. A Touba, il n'y a pas de rupture entre 1951 et 2008. Néanmoins, le test indique des cas de fluctuations très prononcées dans l'évolution pluviométrique depuis 2000 à Touba et à Kani (figures 36 & 37). Cela sous-entend qu'il peut se produire des fluctuations dans une chronique sans pour autant provoquer une rupture. La rupture a pour conséquence immédiate un changement ou une modification définitive d'état.

L'absence de rupture constatée à Touba étonne moins lorsqu'on se réfère aux caractéristiques pédologiques de ce milieu. Il apparaît comme le milieu écologique le plus humide sur l'ensemble du domaine d'étude. Cela se justifie aussi de par sa position géographique à la lisière de la zone forestière de l'Ouest montagneux de la Côte d'Ivoire. En raison de leur situation géographique, Séguéla et dans une moindre mesure Kani s'inscriraient dans la même logique d'évolution climatique.

Comme on le voit, la rupture dans la chronique a évolué dans le temps et a gagné progressivement de l'espace ou des régions en fonction de leurs caractéristiques climatiques (pluviométriques et hydriques). La situation semble donc établir une corrélation parfaite entre l'évolution pluviométrique d'une part et de l'autre, l'apparition de la rupture dans la chronique engendrée par les modifications climatiques. Il est à présent question d'indiquer avec précision, la date de cette rupture. Celle-ci est illustrée dans le tableau 13.

Tableau 13 : Date de rupture par station

A		B	
Station	Date de rupture	Station	Date de rupture
Tengréla	1970	Borotou	1973
Kasséré	1971	Kani	Pas de rupture
Boundiali	1975	Touba	Pas de rupture
Kouto	1971		
Odienné	1979	Séguéla	1962 : cas critique
Madinani	1972		

(A) : *Stations de la zone nord-soudanienne*
(B) : *Stations de la zone sud-soudanienne*
N.B : Absence de rupture = de simples modifications constatées en 2002 (Touba) et 2001 (Kani).
1962 est une date critique à Séguéla : la rupture y est moins confirmée.

117

On remarque que les années 1970 sont indiquées par la quasi-totalité des stations du domaine d'étude. Mieux, la majorité des stations indiquent des dates comprises entre 1970 et 1973. Cet intervalle de temps a une probabilité élevée d'intégrer la ou les dates recherchées. Il est à noter que compte tenu du caractère évolutif et variable de la rupture dans l'espace, il est difficile d'indiquer une date de rupture standard pour tout le domaine d'étude. Mais, les analyses antérieures (avec le test de Nicholson, les écarts normalisés et les quintiles pluviométriques) sur l'évolution pluviométrique ont montré des *"cassures"* dans la série chronologique à partir de l'année 1972. Ces analyses sont, pour nous, un appui de taille.

Le test non paramétrique de Pettitt indique la présence de rupture dans la chronique 1951-2008, comme l'a mentionné la segmentation de Hubert (*Annexe 6*). Mieux, il nous donne la date approximative qui marque le début de la modification dans l'évolution climatique.

De tous ces pré-requis, à l'échelle du domaine d'étude, la séquence **1970-1973** est certainement celle de la rupture dans l'évolution climatique. Le graphique de synthèse de la figure 38 indique la configuration de cette rupture dans l'évolution pluviométrique entre 1951 et 2008 avec **1972** comme date moyenne de la séquence 1970-1973 (figure 38).

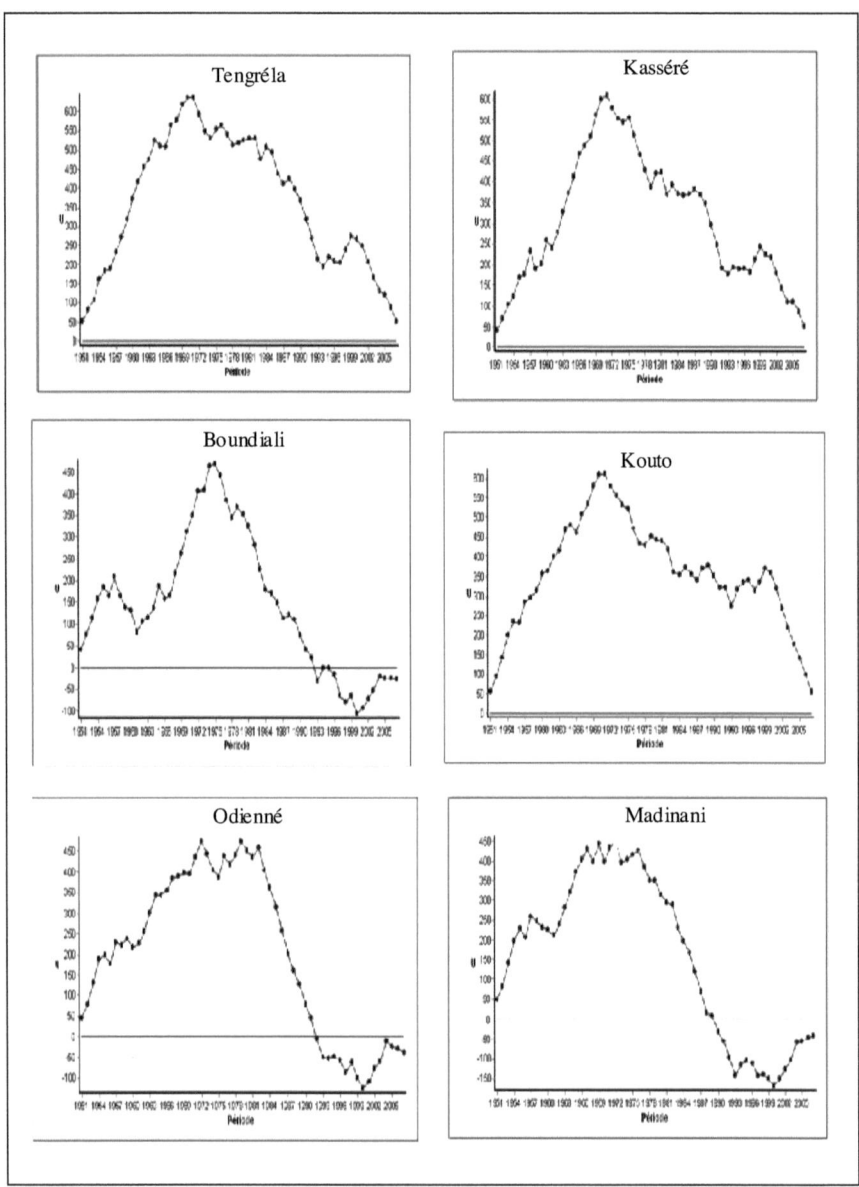

Figure 37 : Rupture dans l'évolution pluviométrique 1951-2008 selon le test de Pettitt dans la zone nord-soudanienne

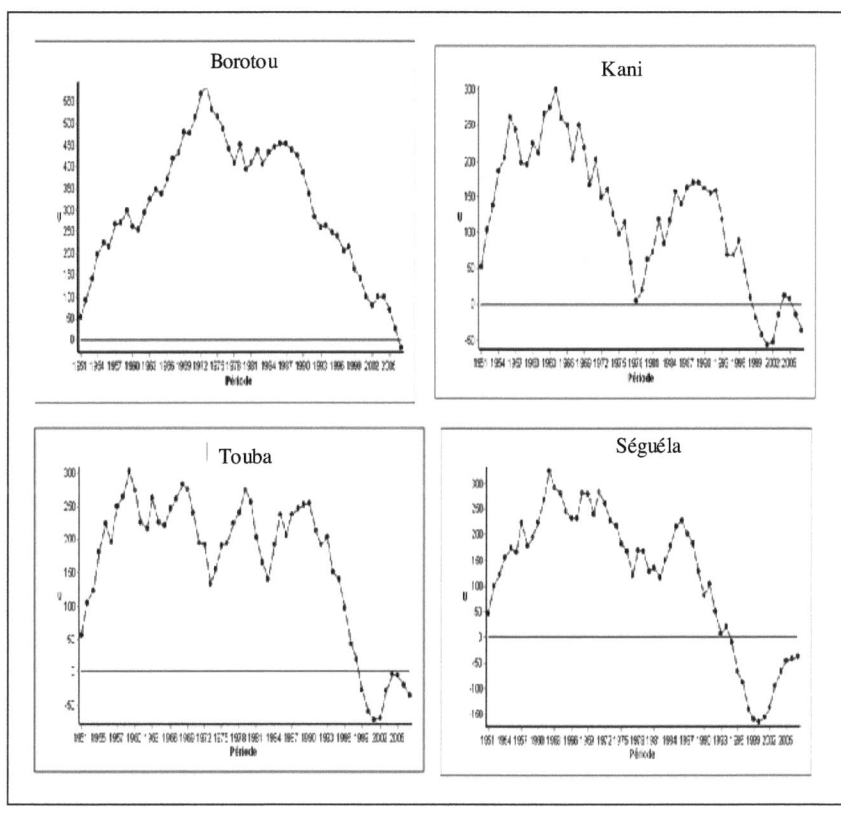

Figure 38 : Rupture dans l'évolution pluviométrique 1951-2008 selon le test de Pettitt dans la zone sud-soudanienne

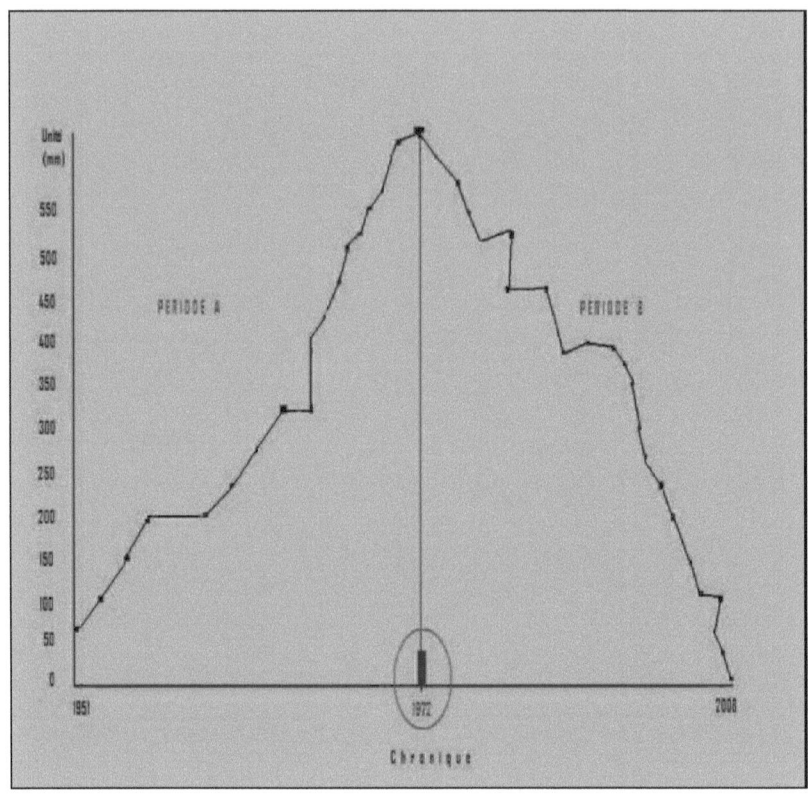

Figure 39 : Schéma de la rupture dans l'évolution pluviométrique selon le test de Pettitt dans le domaine d'étude

Ces différentes caractéristiques liées à la pluviométrie des régions nord-ouest de la Côte d'Ivoire convergent toutes vers une réalité climatique : le **dessèchement** voire **la dégradation des milieux écologiques**. D'où la problématique de l'évolution de la température et du bilan climatique reste pertinente dans cette étude.

**CHAPITRE III : ANALYSE DE L'EVOLUTION DE LA TEMPERATURE
ET DU BILAN CLIMATIQUE**

La température est un facteur incontournable du climat. Son étude reste déterminante dans cette étude. La température participe fortement au processus de dessèchement des milieux écologiques. Dans les régions nord-ouest de la Côte d'Ivoire, la température connaît, à l'instar de la pluviométrie, une évolution des indices.

Le bilan climatique est fortement lié à la pluviométrie. Parler de bilan climatique suppose ainsi le rapport entre différents facteurs du climat dont la pluie ; variable ou paramètre premier, et l'évapotranspiration, deuxième paramètre du système et quantificateur de l'eau de pluie. Il s'agit, de mettre en rapport la *pluviométrie*, variable d'entrée et *l'évapotranspiration*, variable de sortie pour la pédosphère et la biosphère. Mais au niveau de l'atmosphère, c'est le contraire. Pour cette analyse, nous utiliserons les indices de sécheresse comme grandeur de quantification. Cet indice permettra de catégoriser nos différents milieux écologiques dans la chronique allant de 1951 à 2008.

I- Analyse de l'évolution de la température

L'analyse prendra en compte deux aspects de l'évolution : *l'évolution interannuelle* et *l'évolution interdécennale*.

I.1- Evolution interannuelle de la température

L'analyse de la température réalisée à partir des indices de Nicholson a seulement pris en compte les régions climatiques. C'est-à-dire le Nord, le Centre et le Sud du domaine d'étude représentés respectivement par les stations de Tengréla, d'Odienné et de Touba.

De 1951 à 2008, les températures des régions nord-ouest ont varié. De même que la pluviométrie, la température à fluctué dans le temps et dans l'espace. Dans le temps, les oscillations sont importantes et elles permettent d'observer deux grandes périodes : 1951-1972 et 1973-2008 (figure 39).

De 1951 à 1972, les températures ont relativement chuté dans leurs tendances en dépit de leurs oscillations importantes. Au cours de cette période, des années caractéristiques de forte chaleur se distinguent. Ce sont 1951, 1952, et 1966 par exemple. On observe également des séquences où les températures sont en hausse. Il s'agit notamment des périodes 1951-

1954 et 1966-1968. Les années ayant connu de fortes chutes de température sont 1963 et 1969. Ces années intègrent des séquences de basses températures que sont 1957-1960, 1960-1963 et 1969-1972.

De 1973 à 2008, les températures sont globalement en hausse. Malgré les fortes oscillations, plusieurs séquences d'années caractéristiques d'excédents thermiques s'observent. Par exemple, 1975-1978, 1981-1982, 1990-1993, 2002-2005, etc.

D'une région climatique à une autre, l'évolution thermique n'est pas forcement similaire. Dans le Nord du domaine d'étude, les températures sont globalement restées élevées mais elles ont peu fluctué. Elles ont observé une constance relative avec des amplitudes thermiques assez faibles (1,9 pour la station de Tengréla). Par contre dans le Centre et le Sud du domaine d'étude, les températures ont beaucoup fluctué. Les amplitudes thermiques vont au-delà de 2 dans les stations d'Odienné et de Touba.

Par station, les années caractéristiques varient. A Tengréla, les années de forte chaleur sur toute la série chronologique 1951-2008 sont par exemple : 1955, 1966, 1978, 1981, 1996, 2005, etc. Les années de basses températures sont notamment 1962, 1975, 1990 mais aussi et surtout l'année 1984 qui s'est fortement distinguée dans cette catégorie. Ces années caractéristiques ne se répètent pas toujours au niveau des autres stations d'observation. A Odienné les oscillations ont été les plus fortes. Les années caractéristiques de forte chaleur y sont par exemple: 1951, 1965, 1975, 1981, 1992, 1996, 2005. Celles qui se sont distinguées par les plus forts déficits thermiques sont également nombreuses. Entre autres, on peut citer 1957, 1969, 1973, 1978, 1983 et bien entendu 1994. A la station de Touba au Sud du domaine d'étude, des années caractéristiques s'observent aussi. On peut citer 1952, 1965, 1996 et la séquence allant de 2002 à 2005 comme celles qui se sont distinguées par leurs excédents thermiques. Par contre les années 1959, 1969, 1976, 1984 et 2000 ont été marquées par des déficits thermiques.

Les fortes oscillations au Centre et au Sud du domaine d'étude durant les décennies récentes peuvent s'expliquer par la destruction avancée des lambeaux de forêts et bien d'autres faits humains ou naturels.

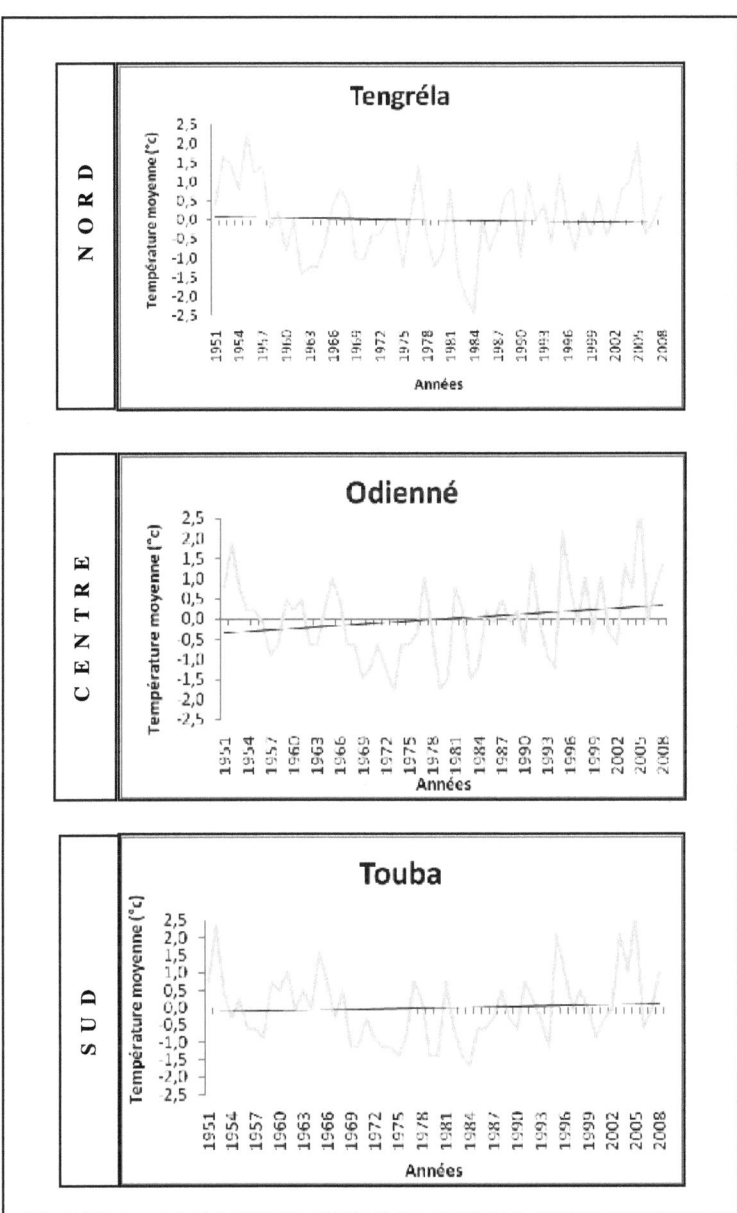

Figure 40 : Evolution interannuelle de la température selon les indices de Nicholson dans le domaine (1951-2008)

I.2- Evolution interdécennale de la température

L'analyse interannuelle, dans son ensemble, indique des oscillations dans l'évolution thermique dans la chronique 1951-2008. D'une année à l'autre, la variabilité reste moins significative. L'analyse interdécennale utilise une échelle de temps plus grande. Elle permet d'observer une variabilité plus importante. A l'analyse, deux grandes périodes se dégagent également : une période de *basses températures* et une période de *hautes températures*. La première tendance part de la décennie 1951-1960 jusqu'à 1961-1970 ; soit deux décennies de déficit thermique. Mais depuis la décennie 1971-1980, on observe une hausse dans l'évolution thermique des régions nord-ouest de la Côte d'Ivoire.

Dans les régions climatiques, l'évolution thermique n'est cependant pas toujours identique. Dans la région climatique la plus septentrionale, l'évolution a beaucoup été inconstante sur la série chronologique 1951-2008. Mais dans les régions centrales et méridionales du domaine d'étude, on peut observer une certaine régularité dans chacune des périodes indiquées. C'est-à-dire 1951-1972 et 1973-2008 (figure 40).

L'évolution des températures des régions nord-ouest de la Côte d'Ivoire indique des oscillations. Mais les tendances dégagent deux principales périodes. Une première période allant de 1951 à 1972 caractérisée par des déficits thermiques. La seconde période (1973-2008) indique une remontée significative des courbes thermiques.

Dans le domaine d'étude, la pluviométrie est en baisse tandis que les températures sont en hausse. Quel pourrait-être l'impact d'une telle situation sur le bilan climatique de ces régions ?

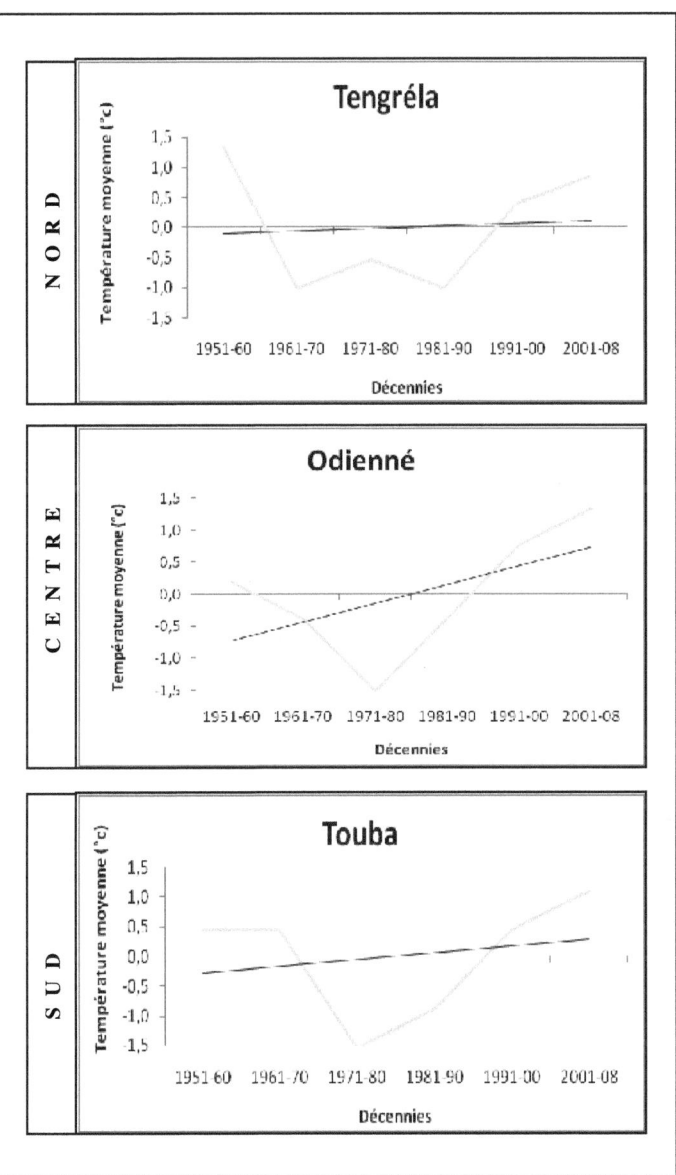

Figure 41 : Evolution interannuelle de la température selon les indices de Nicholson dans le domaine (1951-2008)

II- Analyse de l'évolution du bilan climatique à partir de l'Indice de sécheresse

Pour cette analyse, deux paramètres seront utilisés. *L'indice de sécheresse (IS)* permettra dans un premier temps de caractériser l'évolution du bilan climatique dans ses tendances générales. Dans un second temps, nous utiliserons les *écarts à la moyenne des indices de sécheresse* pour indiquer les étapes graduelles de cette évolution. D'une manière exhaustive, il s'agit d'analyser l'évolution du bilan climatique dans le temps et dans l'espace. Au terme de cette analyse, nous serons à même de savoir si les différents milieux écologiques du domaine d'étude sont de plus en plus humides (évolution positive et amélioration) ou s'ils tendent vers l'aridité (évolution négative et dégradation). La décennie sera considérée comme unique « *Pas de temps* » dans la présente analyse.

II.1- Evolution du bilan climatique à partir l'indice de sécheresse (IS)

On va analyser l'évolution du bilan climatique dans le *temps* et dans *l'espace*.

II.1.1- Evolution temporelle du bilan climatique

Le tableau 14 présente à la fois les valeurs des indices de sécheresse et la classification décennale des milieux selon les indices. On remarque que dans les régions nord-ouest de la Côte d'Ivoire, le bilan climatique a effectivement évolué dans le temps. Cette évolution va de l'humidité des milieux vers leur dessèchement voire leur aridification. En effet, certaines de nos stations de référence sont aujourd'hui dans l'état de milieu *subhumide*.

Le rythme d'évolution n'est pas uniforme d'une décennie à l'autre. Mais il est à retenir que ce rythme est assez faible et lent avec un pas de variabilité strictement inférieur à **0,15** entre les décennies dans les différentes stations. C'est pourquoi d'ailleurs, durant la normale 1951-1980, la région d'Odienné est demeurée un milieu *humide* avant de chuter dans le caractère subhumide durant les trois dernières décennies (1981-1990, 1991-2000 et 2001-2008). La situation est identique pour Séguéla de 1951 jusqu'en 1990 dont le milieu a changé d'état de nos jours. A l'échelle du domaine d'étude, l'on avait constaté un état d'humidité constant à Touba durant cinquante années consécutives. Mais depuis 2000, ce milieu connaît une modification d'état.

A la lecture des indices, Tengréla a très tôt connu une modification de son milieu écologique. En effet, depuis la décennie 1971-1980, ce milieu est subhumide et ce, jusqu'en 2008. Du coup, cette région apparaît comme la plus sèche du domaine d'étude (tableau 14).

Tableau 14 : Indices de sécheresse et classification des milieux écologiques du domaine d'étude

Périodes / Stations		1951-60	1960-70	1971-80	1981-90	1991-00	2001-08
NORD	Tengréla	0,84	0,79	0,64	0,62	0,64	0,73
		humide	humide	subhumide	subhumide	subhumide	subhumide
	Kasséré	0,87	0,88	0,66	0,66	0,69	0,73
		humide	humide	subhumide	subhumide	subhumide	subhumide
	Kouto	0,90	0,88	0,78	0,80	0,74	0,73
		humide	humide	humide	humide	subhumide	subhumide
CENTRE	Boundiali	0,9	0,96	0,88	0,69	0,73	0,74
		humide	humide	humide	subhumide	subhumide	subhumide
	Madinani	0,94	0,93	0,85	0,74	0,74	0,74
		humide	humide	humide	subhumide	subhumide	subhumide
	Odienné	0,96	0,91	0,87	0,69	0,74	0,74
		humide	humide	humide	subhumide	subhumide	subhumide
SUD	Borotou	0,96	0,92	0,80	0,84	0,77	0,74
		humide	humide	humide	humide	humide	subhumide
	Touba	0,98	0,85	0,87	0,87	0,75	0,74
		humide	humide	humide	humide	humide	subhumide
	Séguéla	0,98	0,88	0,8	0,82	0,72	0,74
		humide	humide	humide	humide	subhumide	subhumide
	Kani	0,98	0,84	0,78	0,88	0,74	0,74
		humide	humide	humide	humide	subhumide	subhumide

Le passage du stade supérieur d'humidité au stade inférieur (subhumidité, semi-aridité et enfin aridité) est la manifestation du processus d'aridification. L'ensemble du domaine d'étude, durant la chronique d'étude s'est résolument inscrit dans cette dynamique de dessèchement progressif. Le rythme du processus varie d'un milieu écologique à un autre. Cette évolution des milieux est en fonction du temps. De 1951 à 1980, l'évolution est relativement lente. Cependant depuis 2000, l'ensemble du domaine d'étude est quasiment modifié. Cette modification se poursuit dans le temps et s'accompagne d'une dégradation des milieux physiques.

D'une manière générale, les indices régressent et chutent dans le temps chronologique entre 1951 et 2008. L'évolution du bilan climatique est aussi en fonction des régions climatiques.

II.1.2- Evolution spatiale du bilan climatique

D'un milieu écologique à un autre, l'ampleur du phénomène est différemment observée. En effet, le bilan semble évoluer en fonction des régions climatiques ; donc en fonction des hauteurs pluviométriques. Par exemple, dans les régions à pluviométrie élevée telles que Touba, Odienné, Séguéla ou Boundiali et les stations associées, les indices sont légèrement élevés par rapport à ceux de la région de Tengréla où la pluviométrie est plus atténuée. A partir des moyennes des indices de sécheresse par station, on peut observer plusieurs types de milieux dans ce domaine nord-ouest de la Côte d'Ivoire.

II.1.2.1- Evolution du bilan climatique dans la zone nord-soudanienne

La région la plus septentrionale du domaine d'étude est celle de Tengréla. Elle enregistre les plus bas indices de sécheresse (entre **0,62** et **0,84**). Par sa position et ses caractéristiques climatiques, on associe à Tengréla, la station de Kasséré et dans une moindre mesure celle de Kouto. Tengréla et Kasséré n'ont connu que les deux premières décennies humides, soit de 1951 à 1970. Toutes les décennies d'après sont des décennies au caractère subhumide pour ces milieux. Kouto se distingue légèrement des deux autres stations. Le milieu écologique de Kouto n'a connu la mutation que deux décennies après les deux premières citées. Dans ces régions, à l'extrême nord du domaine d'étude, les taux moyens des indices de sécheresse tournent autour de **0,75**. Le phénomène d'aridification y est *assez rapide* par rapport aux autres régions du domaine d'étude. Ce sont des contrées qui ressentent plus durablement le phénomène de desséchessement qui s'accentue dans ces milieux géographiques. Ce sont donc **les milieux faiblement humides** à l'échelle de la Région.

Au Centre, ce sont les régions d'Odienné et Boundiali auxquelles on adjoint la station de Madinani. Ces milieux ont connu une évolution d'indices *relativement lente* dans le temps. Ici, la modification du milieu écologique s'est avérée plus modérée. Mais elles ont finalement basculé dans l'état inférieur depuis la décennie 1981-1990. Elles sont devenues dans le temps des milieux subhumides avec des taux moyens des indices de sécheresse en-dessous de **0,83**. A l'échelle du domaine d'étude, ce sont des **milieux moyennement humides**.

129

II.1.2.2- Evolution du bilan climatique dans la zone sud-soudanienne

Touba, Borotou, Séguéla et Kani connaissent un nombre important de décennies humides. Dans ces régions, les indices vont globalement de **0,72** à **0,98.** Durant les cinq décennies d'observation, Touba et Borotou ont conservé leur état d'humidité jusqu'en 2000. Séguéla et Kani connaissent déjà une décennie subhumide avant l'année 2000. L'évolution du processus est *lente* au niveau de ces régions du Sud. Ces quatre stations peuvent être qualifiées de **milieux fortement humides**, à l'échelle du domaine d'étude avec des taux moyens des indices de sécheresse supérieurs ou égal à **0,83**.

L'analyse de l'évolution du bilan climatique dans les régions nord-ouest de la Côte d'Ivoire indique bien une tendance à la baisse. Mieux, elle indique, grâce à la classification des milieux, l'état d'avancement de l'aridité et de la sécheresse dans chacune des régions étudiées. Ce sont effectivement des milieux savanicoles qui sont en train de se dégrader même si le rythme d'évolution du phénomène est relativement lent. Des régions telles que Tengréla et Kasséré ne sont plus loin de la semi-aridité. En dépit des cumuls pluviométriques annuels élevés enregistrés dans ces stations du Centre et du Sud, les indices de sécheresse n'indiquent pas de milieux hyperhumides. La relative lenteur du processus d'aridification au Sud et au Centre du domaine d'étude, n'a pas empêché ces milieux d'évoluer vers la subhumidité de nos jours (période 2000-2008). Ce qui veut dire qu'à ce rythme, le domaine géographique soumis à l'étude, région jadis humide, connaîtra des milieux écologiques semi-arides si la tendance se maintient (figure 41).

Cette analyse nous a permis d'identifier l'état d'humidité des différents milieux. Il en ressort aussi que la quantité de pluie enregistrée au niveau d'une station n'est pas la condition suffisante pour établir une relation parfaite entre la pluviométrie et l'état d'humidité d'un milieu écologique. D'autres facteurs pourraient sans doute y intervenir. D'où le recours à l'analyse des écarts à la moyenne des indices de sécheresse.

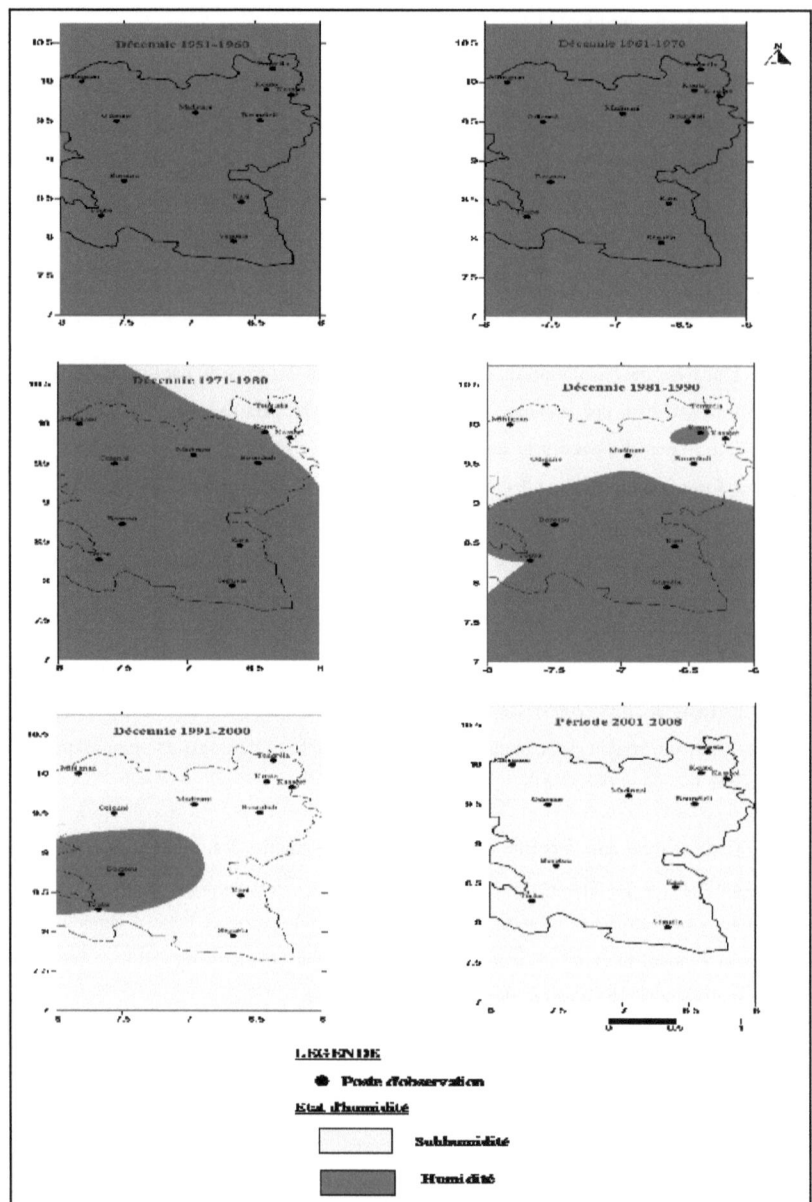

Figure 42 : Evolution spatio-temporelle de la sécheresse dans les régions nord-ouest ivoiriennes (1951-2008)

II.2- Evolution du bilan climatique à partir des écarts à la moyenne des indices de sécheresse

Les indices de sécheresse ont montré des milieux qui évoluaient vers l'aridité. C'est pourquoi de l'état d'humidité, on retrouve aujourd'hui des milieux subhumides. Ce changement d'état n'est pas un fait spontané mais un processus graduel dans le temps et dans l'espace. Les valeurs des indices et encore moins leur classification n'expliquent pas ce processus. La présente analyse permet d'élucider de façon tendancielle cette évolution graduelle dans *le temps* et dans *l'espace*.

II.2.1- Evolution temporelle des écarts à la moyenne des indices de sécheresse

De 1951 à 2008, la sécheresse a progressé. Les indices ont considérablement décru. C'est donc une évolution descendante. On y observe une certaine continuité même si l'on remarque quelques oscillations dans la régression au niveau des stations de Touba, Odienné, Boundiali et de Kouto. Trois principales phases peuvent être observées.

En phase 1 qui concerne les premières décennies (1951-1970 et parfois plus), les milieux sont dans un état *d'humidité satisfaisante*. On note dans le tableau de classification que tous les milieux de référence sont humides. Au niveau des graphiques, toutes les dix stations affichent des valeurs positives, même si elles varient selon les stations.

La phase 2 se caractérise par un état *d'humidité atténuée ou relative*. Elle porte sur la décennie 1971-1980. Mais, déjà, certaines stations enregistrent leur première modification d'état. Autrefois humides, ces milieux basculent dans le négatif vingt ans plus tard.

Dans la *phase 3*, *la sécheresse s'accentue*. Elle concerne les dernières décennies de la série : 1981-1990, 1991-2000 et période 2001-2008 notamment. Plusieurs stations sont concernées entre 1980 et 1990. Il s'agit de Tengréla, Kasséré, Madinani, etc. Cette dernière phase explique l'évolution du phénomène à l'orée de la normale jusqu'à nos jours. Elle englobe l'ensemble des stations du domaine d'étude durant les deux dernières décennies.

On retient que les écarts à la moyenne des indices indiquent une *accentuation progressive* de la sécheresse dans le temps (figures 42, 43 & 44).

II.2.2- Evolution spatiale des écarts à la moyenne des indices de sécheresse

Dans le temps, on note une accentuation du processus d'évolution de la sécheresse. Mais elle a également varié sur le terrain, dégageant ainsi deux stades d'évolution majeure correspondant à des ensembles bien spécifiques de stations:

II.2.2.1- Evolution de la sécheresse dans la zone nord-soudanienne

On note une évolution assez rapide mais oscillante du phénomène de sécheresse à Tengréla, Kasséré, et à Madinani. Ici, les indices négatifs sont significatifs (en valeur absolue), ce qui dénote de l'accentuation de la sécheresse dans ces régions. La station de Tengréla affiche par contre un état positif durant la dernière décennie. Des situations similaires ne sont pas à exclure dans l'évolution de tout phénomène naturel. Ces cas de balancement ont également existé à Odienné et Boundiali (figures 42 & 43). Le naturel étant justement ce qui échappe à la parfaite maîtrise et connaissance de l'homme.

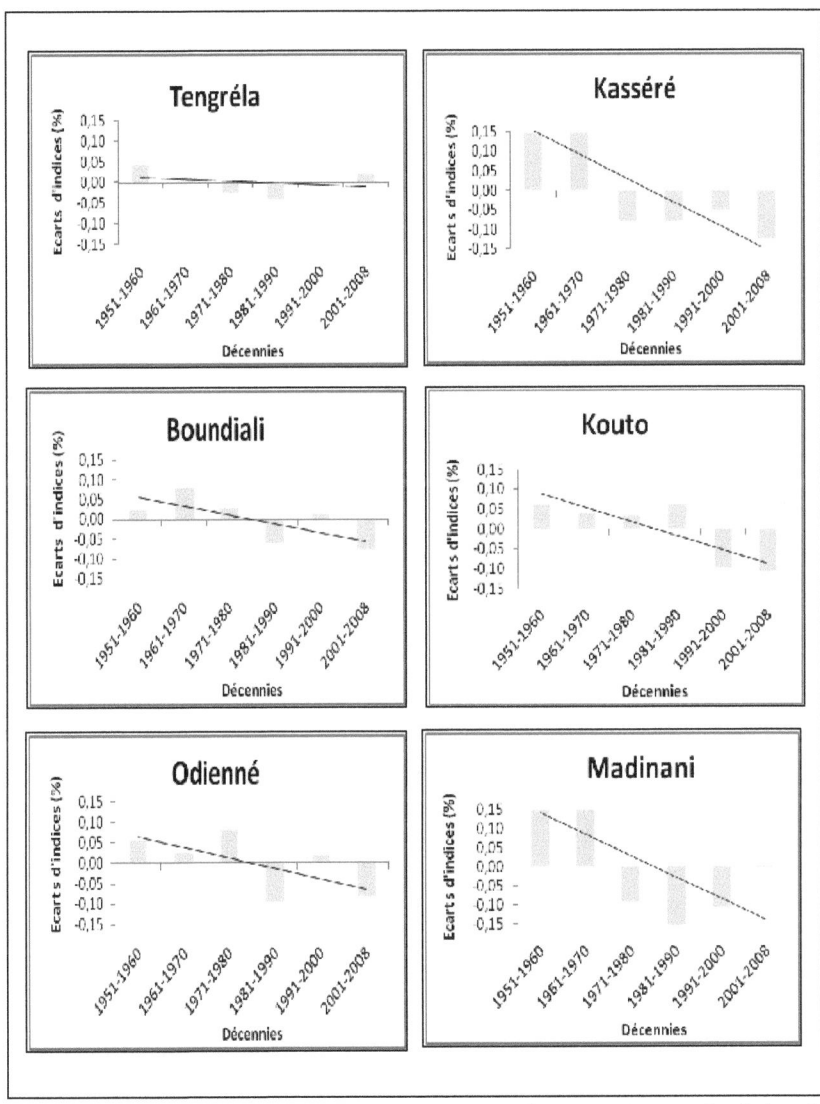

Figure 43 : Evolution du bilan climatique à partir des écarts des indices de sécheresse dans la zone nord-soudanienne du domaine d'étude (1951-2008)

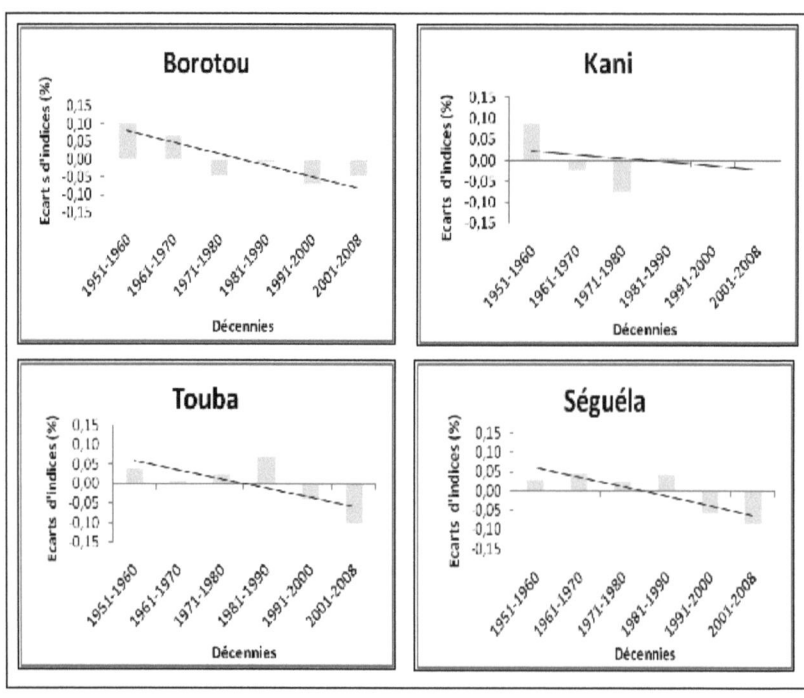

Figure 44 : Evolution du bilan climatique selon les écarts des indices de sécheresse dans la zone sud-soudanienne du domaine d'étude (1951-2008)

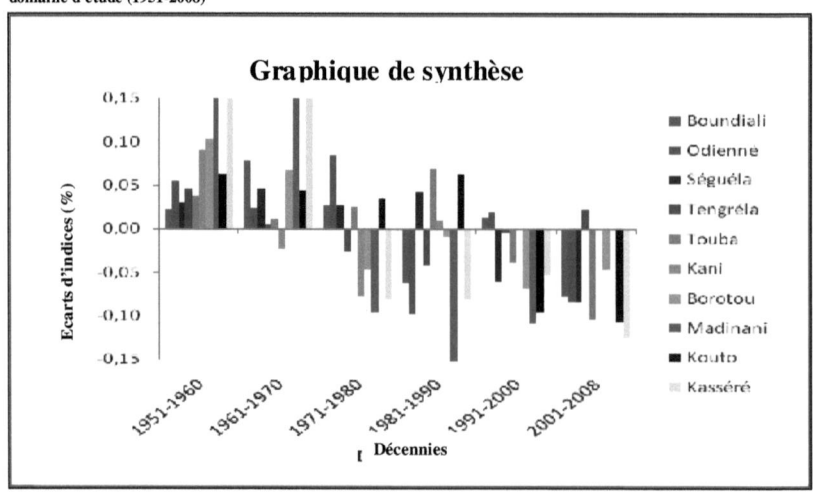

Figure 45 : Evolution du bilan climatique selon les écarts des indices de sécheresse dans le domaine d'étude (1951-2008)

II.2.2.2- Evolution de la sécheresse dans la zone sud-soudanienne

L'évolution de la sécheresse est relativement atténuée dans les stations de Séguéla, Touba, Borotou et Kani. Ces stations n'ont connu le phénomène qu'à partir de 1990. Il s'agit de l'ensemble des stations du Sud auxquelles on adjoint la station de Kouto. De par ses caractéristiques pédologiques, climatiques et biogéographiques, Kouto répond aux normes du climat nord-soudanien où la pluviométrie est atténuée. C'est l'occasion de répéter que la pluviométrie à elle seule n'est pas suffisante pour expliquer l'état d'humidité ou de sécheresse d'un milieu naturel.

L'analyse à partir de l'indice de sécheresse et celle à partir des écarts des indices de sécheresse confirment toutes, la conclusion selon laquelle le *déficit hydrique est une réalité dans les régions nord-ouest de la Côte d'Ivoire*. Mais mieux que les indices, l'analyse des écarts à la moyenne de ces indices dépeint avec plus de rigueur, l'évolution du bilan climatique dans ces régions septentrionales. Elle indique une généralisation et un accroissement progressif de l'aridification de ces milieux notamment durant ces dernières décennies (figure 44).

A dire vrai, de 1951 à 2008, les pluies ont diminué et la sécheresse s'est accrue sur l'ensemble du domaine d'étude. Il en ressort clairement que les régions nord-ouest de la Côte d'Ivoire sont sous l'influence et même la menace du stress hydrique. Ce phénomène évolue en s'intensifiant selon les années, les décennies et les normales. Cette modification des milieux écologiques et des écosystèmes se fait donc à l'échelle de la vie humaine.

Conclusion

L'analyse climatique de 1951 à 2008 dans les régions nord-ouest de la Côte d'Ivoire a permis de tirer des conclusions. Les pluies sont mal réparties sur l'ensemble du domaine d'étude. On distingue ainsi des milieux faiblement arrosés à côté des milieux fortement arrosés. La variabilité dans l'évolution pluviométrique devient significative ces dernières décennies. Cette situation pourrait s'expliquer par l'alternance de séquences sèches et de séquences humides parfois sporadiques.

L'évolution de la pluviométrie et du bilan climatique à l'échelle du domaine d'étude permet de dégager deux principales périodes : *une période excédentaire de 1951 à 1972* et une *période déficitaire de 1973 à 2008*. Au sein des périodes, la pluviométrie a évolué d'une manière discontinue. Elle a ainsi indiqué parfois des années ou même des séquences entières caractéristiques (tantôt très excédentaires, tantôt très déficitaires). De façon logique, l'évolution de la température a observé les mêmes tendances. La période 1951-1972 a été marquée par une baisse sensible alors que de 1973 à 2008, l'évolution thermique a connu une hausse. Alors que la **tendance est à la hausse** au niveau des températures, l'évolution pluviométrique et du bilan climatique indique une **tendance à la baisse entre 1951 et 2008**. Le test de rupture de Pettitt a confirmé la présence de rupture dans la chronique et la séquence **1970-1973** comme celle qui marque le début d'une nouvelle ère dans l'évolution de la situation pluviométrique dans le domaine d'étude. Celle-ci est marquée par la baisse généralisée des quantités de pluie et se traduit par une péjoration de l'ensemble du climat.

La modification de la carte pluviométrique a de **réelles répercussions sur le bilan climatique général** dans le domaine d'étude. Le dessèchement des milieux écologiques connaît une *accentuation notable* qui entraîne un problème écologique et environnemental dans l'espace. Il s'agit de la *sécheresse*, de la dégradation de l'atmosphère, des milieux écologiques, de la pollution des ressources hydrologiques, etc. Cette dégradation ne se fait pas en dehors de la perspective anthropique. Les analyses prévisionnelles n'indiquent pas de perspectives heureuses pour l'environnement dans ces régions. C'est pourquoi il importe d'analyser les impacts de cette évolution climatique.

N.B : les détails chiffrés des différentes analyses statistiques dans l'étude climatique sont indiqués aux annexes 2, 3, 4, 5, 6, 7 et 8.

TROISIEME PARTIE :

ANALYSE DES IMPACTS ENVIRONNEMENTAUX ET SOCIO-ECONOMIQUES DE L'EVOLUTION CLIMATIQUE

Introduction

L'analyse climatique a mis en évidence le phénomène de l'évolution du climat dans l'espace géographique. Mais ce phénomène n'est pas sans effets sur l'environnement et les êtres vivants.

Dans les régions nord-ouest de la Côte d'Ivoire, les impacts de l'évolution du climat sont fondamentalement de deux ordres : des impacts environnementaux et des impacts socio-économiques. Les impacts environnementaux sont surtout liés aux ressources hydrologiques, aux sols, à la biodiversité dans son ensemble et à l'atmosphère.

Les impacts socio-économiques sont de plusieurs niveaux. Mais pour la conduite de notre sujet, nous nous appesantirons sur ceux liés à l'agriculture et à l'élevage d'une part, et de l'autre, sur les impacts du phénomène liés à la santé des populations et à leurs migrations.

Face aux impacts liés à l'évolution climatique récente, *des stratégies d'adaptation* existent sous plusieurs formes dans ces régions. Les différents acteurs sont d'une part, les populations locales et, d'autre part, l'Etat et les organisations non gouvernementales (ONG). Ces acteurs ont mis en place plusieurs stratégies de lutte.

Dans la présente partie, nous développerons d'abord les impacts de l'évolution climatique dans les régions nord-ouest de la Côte d'Ivoire au plan *environnemental* puis au plan socio-*économique*. Nous pourrons ensuite dégager les différentes *stratégies* mises en place pour faire face au phénomène dans ces régions.

CHAPITRE I : ANALYSE DES IMPACTS ENVIRONNEMENTAUX DE L'EVOLUTION CLIMATIQUE

Au plan *environnemental*, l'évolution climatique a de réels impacts dans le domaine d'étude. Les *ressources hydrologiques* sont polluées ou détruites. Les *sols* dans leur ensemble sont surexploités et sont en train de perdre progressivement leur potentiel nourricier. Les espèces végétales sont de nos jours menacées d'extinction. Certaines espèces animales sont en voie de disparition.

Le schéma de l'analyse des impacts environnementaux dans le domaine d'étude sera organisé par ordre d'importance. Ainsi, nous aborderons les impacts du phénomène sur les ressources hydrologiques de surface et les sols. Nous analyserons ensuite les impacts sur la biodiversité et l'atmosphère.

I- Impacts de l'évolution climatique sur les ressources hydrologiques et les sols

Les eaux de surface et les sols sont deux entités profondément affectées par le phénomène de l'évolution climatique.

I.1- Impacts de l'évolution climatique sur les ressources hydrologiques

Les impacts sur les ressources hydrologiques se manifestent surtout à travers l'affaiblissement des écoulements et le tarissement de certains points d'eau.

I.1.1- Baisse de la pluviométrie et faiblesse des écoulements des fleuves

Les régions nord-ouest de la Côte d'Ivoire disposent d'importantes ressources hydrologiques de surface. Le réseau hydrographique est de nos jours soumis aux aléas du climat. Il existe une forte corrélation entre la quantité d'eau qui tombe et la lame d'eau écoulée dans un fleuve (A. Sow, 2007). Or, les analyses climatiques ont montré que les hauteurs pluviométriques dans nos stations d'observation affichent une tendance à la baisse. Il est donc évident, que de façon naturelle, ces ressources hydrologiques de surface soient aujourd'hui affectées par les perturbations climatiques.

Ces modifications se manifestent par la baisse des volumes globaux des quantités d'eau, par une plus grande faiblesse des débits (le cas des principaux cours d'eau) ou tout simplement par un assèchement systématique du lit pour les cours d'eau moins importants. Les lacs voient leur superficie se réduire au fil des années. C'est le cas du lac de Sodiamci qui ne fait aujourd'hui que 800 km². Selon les riverains, la superficie de ce lac était estimée à environ 1000 km²à sa création. Cependant, la plupart de ces cours d'eau, même moins importants avant les années 1970, résistaient à la période d'étiage, c'est-à-dire qu'on n'y observait point de rupture dans l'écoulement d'eau. De nos jours, certains d'entre eux ne coulent pratiquement plus, même pendant l'hivernage. On peut pêle-mêle citer le cas de *Walé* à Diarabana) ou de *Gnangbihè* à Ourossaniso. *La Boa* était un cours d'eau important par le débit dans la région de Booko. De nos jours, son lit ne cesse de se réduire au fil des années (photo 5).

Photo 5 : Faible écoulement de la *Boa* au niveau de Blamadougou / Booko   (Diomandé, juin 2008)

La baisse généralisée des quantités de pluie et par conséquent des ressources d'eau douce dans le domaine d'étude est en ces termes soutenue par M. Traoré Yaya, âgé de 80 ans environ et chef du village de Bassékodougou / Doundalla dans la sous-préfecture d'Odienné :

« Autrefois, lorsqu'il pleuvait abondamment, le lit de Doung débordait et notre village s'inondait à telle enseigne que nous, petits en ces moments, capturions du poisson dans les caniveaux de la route principale du village. Aujourd'hui, il ne pleut plus ainsi et les cours d'eau n'ont plus assez d'eau ».

I.1.2-Tarissement systématique des ressources en eau moins importantes

Le tarissement des eaux de surface relève certes de la nature, mais le phénomène a été accéléré par l'ensablement et la pollution des eaux. Sur les parcelles d'exploitation de mines, les étendues d'eau sont ensablées par le travail des mineurs. Ces ressources en eau, profondément boueuses et ensablées, s'exposent à l'action du soleil. En termes de conséquences, nous observons leur tarissement rapide. C'est par exemple le cas d'un étang sur la parcelle de mines d'or à Zanikan dans le département de Tengréla (Photo 6).

Photo 6 : Tarissement d'un étang sur la parcelle d'or à Zanikan / Tengréla) (Diomandé, août 2008)

Par ailleurs, la raréfaction des précipitations se traduit aussi par une pollution plus importante des ressources hydrologiques. La qualité des eaux de surface ne cesse de se dégrader dans nos régions. Bon nombre de ces rivières ne répondent plus aux critères de salubrité. En plus du phénomène naturel, les villes rejettent également des charges polluantes très importantes dans les eaux douces. Cela est responsable du phénomène d'eutrophisation[54] qui est un signe de pollution grave d'une rivière.

I.2- Impacts de l'évolution climatique sur les sols

Dans les régions nord-ouest de la Côte d'Ivoire, l'une des entités les plus affectées par l'évolution du climat est sans doute constituée par les sols. La dégradation des sols se situe à quatre principaux niveaux : *l'induration, le cuirassement, l'érosion et le lessivage.*

I.2.1- Induration et cuirassement des sols

Dans les régions nord-ouest de la Côte d'Ivoire, les sols sont par endroit dénudés et exposés à l'ensoleillement. Les pluies sont de plus en plus rares et les températures sont en nette augmentation. L'effet du rayonnement solaire devient plus intense. La terre, ainsi indurée par le soleil se charge en oxydes de fer. Ces derniers finissent par former une croûte rouge stérile de latérite. Cela réduit considérablement la fertilité des sols. Les phénomènes

---

[54] . Enrichissement en sels minéraux (d'un milieu aquatique) qui entraîne un déséquilibre écologique (Encarta 2009) .

d'induration et de cuirassement sont très fréquents dans le domaine d'étude. Dans la zone de Tengréla, on observe une forte présence de cuirasses ferrugineuses (photo 7).

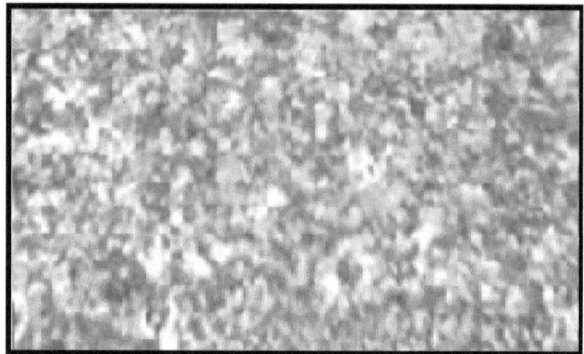

Photo 7 : Espace cuirassé dans la cour du commissariat de police de Tengréla (Diomandé, juillet 2008)

Le phénomène d'induration et la formation des cuirasses ferrugineuses sont cependant accélérés par certains faits humains. Ce sont d'abord les feux de brousse qui détruisent tout couvert végétal sur leur passage. Ensuite, c'est la surexploitation des parcelles agricoles qui prive les sols de leurs éléments nutritifs. Enfin, la recherche de mines exige une destruction préalable de la terre par la perforation de puits profonds et parfois de dimension impressionnante comme le démontre la photo 8.

Photo 8 : Destruction des sols par l'exploitation artisanale de diamant à Diarabana (Diomandé, août 2008)

A la parcelle d'exploitation de diamant du « Tiéforo » (Diarabana/Séguéla), les profondeurs excèdent parfois 30 mètres.

I.2.2- Erosion et lessivage des sols

L'érosion et le lessivage des sols sont dus à l'action des eaux de pluie. Si l'on constate une baisse de la pluviométrie dans les régions nord-ouest de la Côte d'Ivoire, il convient cependant de noter la fréquence de pluies torrentielles par endroit. C'est par exemple le cas à Odienné où l'on enregistre chaque année d'importantes chutes de pluie à cause de l'effet du relief. Par ailleurs, la topographie de ces régions est dominée par de hauts plateaux et des montagnes. La majorité des localités se situe dans des bas-fonds où les profils topographiques présentent parfois des pentes fortes. On peut citer ici les villes de Touba, de Booko, d'Odienné ou de Tiémé. L'érosion des sols provoque, dans ces localités, des obstructions des canaux d'écoulement, aggravant ainsi les effets des inondations. Le lessivage des sols y est également accentué par les pentes abruptes des montagnes et des collines. A la gare routière de Madinani, le lessivage excessif des sols a provoqué l'affleurement de cuirasses ferrugineuses.

II- Impacts de l'évolution climatique sur la biodiversité et l'atmosphère

La biodiversité et l'atmosphère sont également deux domaines touchés par le phénomène de l'évolution climatique.

II.1- Impacts de l'évolution climatique sur la biodiversité

La biodiversité regroupe les espèces végétales et animales. Dans les régions nord-ouest de la Côte d'Ivoire, deux grandes menaces pèsent sur cette biodiversité. Ce sont :

• l'extinction d'espèces ou de sous-espèces pour les végétaux ;
• la perte d'habitats naturels pour les animaux.

II.1.1- Extinction des espèces et sous-espèces végétales

La disparition des espèces liée à la baisse de la pluviométrie a des répercussions sur les écosystèmes dans les régions nord-ouest de la Côte d'Ivoire. Elle compromet l'intégrité des végétaux selon des modalités qui sont encore loin d'être appréhendées. De plus en plus, elle réduit la capacité de l'environnement à réguler la qualité des eaux et des sols. Mais aussi ce sont des sources précieuses d'alimentation et de matières premières qui disparaissent pour ces populations locales, sans ignorer qu'elles sont des valeurs culturelles et spirituelles irremplaçables. Les répercussions de l'évolution du climat sur les espèces végétales sont donc réelles. Ce phénomène d'extinction des végétaux est plus accentué dans ces régions par l'introduction d'espèces étrangères envahissantes. Ces espèces sont introduites accidentellement ou délibérément et sont affranchies de leurs prédateurs naturels ou d'autres limitations que la nature impose à la croissance de leur population. Elles sont de ce fait en mesure de dominer des communautés végétales en s'appropriant l'espace, la lumière, les nutriments des espèces indigènes ou en recourant à la prédation. C'est par exemple le cas de *Pennisetum* ou herbe à éléphant qui envahit les espèces indigènes sur les parcelles agricoles mises en jachères notamment au Nord du domaine d'étude. Mais l'extinction des espèces végétales est aussi accélérée par certains faits humains sur la nature. C'est le cas de la culture sur brûlis, du déboisement et des feux de brousse qui entraînent une destruction systématique d'espèces adultes ou jeunes. Ces pratiques renforcent le phénomène d'extinction des espèces végétales et sont nocives à l'équilibre de la biodiversité dans son ensemble (photos 9 et 10). La déforestation contribue au réchauffement climatique à hauteur de 20 % (Meunier, 2005).

Photo 9 : Plusieurs espèces végétales en voie de disparition dans la région de Touba   (Diomandé, juin 2008)

Photo 10 : **Recherche de bois de chauffe à Niamotou s/p Borotou**   (Diomandé. juin 2008)

L'extinction des espèces végétales est à l'origine de la perte d'habitats naturels de certaines espèces animales.

II.1.2- Perte d'habitats naturels chez les animaux.

La perte d'habitats naturels se traduit par une réduction de leur étendue, par leur fragmentation ou leur changement de structure ou de caractéristiques. Certaines communautés animales ont besoin d'habitats de taille suffisante pour y trouver de l'eau et des sources alimentaires, ainsi qu'un lieu de reproduction. Si l'étendue globale de l'habitat est réduite, des populations de nombreuses espèces, en particulier certains grands mammifères et les prédateurs de niveau trophique supérieur, déclineront automatiquement (Gilpin & Soule, 1986). Dans les régions nord-ouest de la Côte d'Ivoire, plusieurs espèces sont en voie de disparition à cause du déséquilibre écologique dû à l'évolution climatique actuelle. Le cas des éléphants à Morifingso est en ces termes soutenu par monsieur Koné Siaka, environ 70 ans et autochtone dudit village :

« Autrefois, les éléphants abondaient cette région. Ils détruisaient parfois nos cultures.
Mais de nos jours, voir un seul éléphant devient un évènement. Néanmoins, l'année dernière
(2007), un éléphant a été aperçu par un chasseur du village ».

D'une manière générale, l'extinction des espèces animales modifie les relations entre les prédateurs et leurs proies et supprime ces agents de pollinisation, de germination et de dissémination des graines que sont les insectes, les éléphants, les oiseaux, les primates et autres animaux. C'est donc la biocénose dans son ensemble qui est perturbée à cause des modifications des caractéristiques climatiques.

II.2- Impacts de l'évolution climatique sur l'atmosphère

Les impacts de l'évolution climatique sur l'atmosphère peuvent se résumer à travers une plus grande fréquence d'apparition de lithométéores dans le ciel et à travers une augmentation des surfaces affectées par les feux de brousse dont la sécheresse actuelle constitue un élément d'explication. D'autres éléments contribuent aussi à la pollution de l'atmosphère et partant à l'évolution du climat.

II.2.1- Pollution de l'atmosphère par l'émission de poussières et de fumées toxiques

Depuis 1985, les scientifiques ont observé une diminution importante du taux d'ozone, un des constituants naturels de la haute atmosphère (entre 15 et 50 km) (Chauveau, 2007). La qualité de l'air est sans cesse perturbée à cause de cet appauvrissement de la couche d'ozone. C'est l'effet d'une cause qui doit être recherchée dans la nature elle-même avec l'augmentation croissante des lithométéores dans l'air.

Dans les régions nord-ouest de la Côte d'Ivoire, les impacts de l'évolution du climat présentent un bilan négatif sur l'atmosphère. L'émission de poussières et de fumées toxiques participent à la pollution de l'atmosphère de manière significative.

Les sécheresses deviennent persistantes, les cours d'eau tarissent et l'induration des sols s'accentue. Dans ces régions, les voies couvertes de bitumes sont peu nombreuses. Les émissions de poussières dans l'atmosphère sont quotidiennement observées. Les localités aux abords des voies principales ou des routes nationales voient ainsi les toitures des habitations toutes recouvertes de poussières. Cela est fréquent en saison sèche. En plus de cela, il y a des poussières qui proviennent de plus en plus fréquemment du Sahara et de la bande sahélienne et qui se manifestent tout au long de la saison sèche.

La combustion de la biomasse par les différents feux (culture sur brûlis, feux de brousse, etc.) est source d'émissions dans l'atmosphère d'importantes fumées toxiques. Selon Monsieur Amara Dosso, Directeur régional de la SODEFOR de Gagnoa, les superficies de savanes détruites par les feux de brousse atteignent plusieurs milliers d'hectares par an dans les régions nord-ouest du pays. Ces fumées toxiques participent à l'effet de serre.

Par ailleurs, le déboisement pour le charbon de bois et le bois de chauffe est également source d'émission de CO_2. En effet, la plante verte au cours de sa vie, par le phénomène de photosynthèse emmagasine beaucoup de carbone. Même séché, elle le garde en elle. De ce fait, brûler du bois sous toutes ses formes est synonyme de déstockage de ce carbone. Une forêt en flamme dégage beaucoup de fumées toxiques. Cela provoque l'émission de plusieurs millions de tonnes de CO_2 (Saugout N et Ichbiah D, 2007).

II.2.2- Autres formes de pollution de l'atmosphère

L'urbanisation engendre toujours des difficultés notamment au plan environnemental. Les personnes que la précarité du travail agricole a obligées à quitter les zones rurales ont le plus souvent la ville comme unique destination. Mais dans ces zones d'accueil (les centres urbains), le rythme de la croissance économique et du développement des infrastructures n'a pas le plus souvent suivi le taux d'urbanisation, entraînant ainsi un taux élevé de chômage et de situations inadaptées en matière de logement et de services de salubrité. Cela produit parfois des séquelles importantes sur l'environnement immédiat ; provoquant parfois des catastrophes environnementales. Les villes de Séguéla, Touba, Odienné, Boundiali, Tengréla et autres Kani, Borotou, Madinani, Kouto, Kasséré, Débété, etc. baignent dans un air pollué par les odeurs de décomposition d'ordures ménagères, de matières fécales et d'eaux usées non évacuées en dépit des efforts des services d'assainissement des différentes municipalités.

A la fin des années 1990, chaque habitant d'un pays en développement comme la Côte d'Ivoire, produisait en moyenne 200 kg de déchets solides par an (CNUEH, 2001b)[55], mais ce chiffre augmente avec les modes de vie de plus en plus aisés et, dans une moindre mesure, avec l'accroissement démographique. La quantité d'ordures produite dépasse de loin les capacités de ramassage, de traitement et de mise au rebut des déchets de nos municipalités. Dans les régions nord-ouest du pays en particulier, la faiblesse des revenus des municipalités et par conséquent celle de leurs dépenses, a sérieusement entravé la création d'infrastructures et leur entretien. En dépit de leur contribution aux économies nationales, les municipalités ne reçoivent que 14 % du PIB, soit en moyenne 14 USD par personne et par an, deux cent (200) fois moins que les municipalités des pays à forts revenus (CNUEH, 2001b).

---

[55] : voir Rapport PNUE 2002 : « le passé et l'avenir de l'environnement en Afrique »

L'on compte un nombre limité d'industries de transformation dans le domaine d'étude. Cette situation pourrait constituer un avantage écologique et environnemental à cause des rejets de fumées dans l'air. Malheureusement, on note une prolifération de boulangeries et de pâtisseries. Ces semi-industries, en raison de la flambée des prix du pétrole, utilisent le bois de chauffe pour leur fonctionnement. Ce bois émet plus de CO_2 que tout autre combustible fossile (Meunier, 2005). L'incinération des déchets solides, quant à elle, contribue à la pollution de l'atmosphère à cause de l'émission de fumées toxiques.

En somme, l'évolution climatique, par la baisse de la pluviométrie, le tarissement de nombreux cours d'eau, l'induration et l'érosion des sols, la perturbation de la biocénose et les formes de pollution de l'atmosphère, crée un déséquilibre environnemental dans les régions nord-ouest de la Côte d'Ivoire. Si la modification du climat répond à l'ordre de la nature, il est fort de reconnaître qu'elle est aussi et surtout accentuée par des faits humains. Plusieurs actions anthropiques se dessinent comme sources additionnelles évidentes des impacts de l'évolution climatique sur le milieu physique.

Le déséquilibre environnemental ci-dessus mentionné apparaît de loin comme le socle des impacts de l'évolution climatique sur les activités économiques et les populations.

CHAPITRE II : ANALYSE DES IMPACTS SOCIO-ECONOMIQUES DE L'EVOLUTION CLIMATIQUE

Une vue panoramique des activités économiques dans le domaine nord-ouest indique la diversité des pôles économiques. Par contre, cette économie diversifiée subit à tous les niveaux l'influence de la modification climatique. Cette influence se manifeste différemment dans les secteurs d'activité. Mais d'une manière générale, elle se traduit par une baisse, voire une chute des rendements et des productions. Les impacts de l'évolution climatique sur les économies apparaissent comme la cause implicite des impacts du phénomène sur les populations.

La présente analyse s'évertuera à développer dans un premier temps, les impacts de l'évolution climatique sur *les activités économiques* dans le domaine d'étude. Ensuite, nous analyserons les impacts du phénomène sur *les populations*.

I- Impacts de l'évolution climatique sur les activités économiques

Les *impacts au plan économique* sont importants. Les activités économiques subissent considérablement les répercussions du phénomène de l'évolution du climat. Il s'agit, selon nos enquêtes, de l'agriculture dont les résultats sont en nette régression et de l'élevage de plus en plus inadapté aux nouvelles contraintes climatiques, de l'exploitation du bois et du charbon de bois sans cesse en perdition, de la chute avérée de l'exploitation minière due à une raréfaction de ressources en eau, etc. La précarité de l'exploitation des ressources naturelles a de sérieuses répercussions sur l'industrie (avec la prédominance de l'agro-industrie) et le commerce.

Dans le développement suivant, nous analyserons successivement les impacts du phénomène sur, d'abord *l'agriculture*, ensuite *l'élevage* dans les régions nord-ouest de la Côte d'Ivoire. Il s'agit là de deux activités dominantes à l'échelle de ces régions où les impacts de l'évolution climatique sont considérables.

I.1- Impacts de l'évolution climatique sur l'agriculture

L'agriculture est une activité incontournable dans les régions nord-ouest de la Côte d'Ivoire par la diversité des cultures et par le taux de la population active qu'elle occupe. Mais elle subit de plus en plus les impacts de l'évolution du climat. Ces impacts apparaissent à plusieurs échelles. On peut en distinguer deux principales : des impacts au niveau de l'*agriculture vivrière* et au niveau de l'agriculture dont la production est destinée aux entreprises industrielles. C'est l'*agro-industrie*.

I.1.1- Impacts de l'évolution climatique sur l'agriculture vivrière

Sur l'ensemble du domaine d'étude, le vivrier apparaît comme la voûte charnière des principales cultures pratiquées. Selon notre étude rétrospective de 2002, il existe une forte corrélation entre les facteurs du climat et la production agricole notamment vivrière dans ces régions de savanes de Côte d'Ivoire (tableau 15).

Tableau 15 : Matrice de corrélation de Pearson entre les productions agricoles et les données climatiques (coefficient et probabilité)

	P.Igname	P.Maïs	Pluie	Etp	Hygro	T.maxi	T.mini	Insolation
P.Manioc	0,7187	0,9861	0,1405	0,5512	-0,2031	-0,6008	-0,5057	0,0110
	0,0127	0,0001	0,6803	0,0788	0,5492	0,0506	0,1125	0,9743
P.Igname	–	0,7558	0,0073	0,0010	0,2554	0,4405	-0,1762	-0,0558
		0,0071	0,9829	0,9976	0,4425	0,1751	0,6043	0,8705
P.Maïs	–	–	-0,0019	0,5229	-0,1812	-0,5385	-0,3903	-0,0050
			0,9955	0,0988	0,5939	0,0874	0,2553	0,9883

Source : Diomandé, Mémoire de Maîtrise, 2002

0,7187 : coefficient de corrélation (%)

0,0127 : indice de probabilité en (%)

P. Manioc : production de manioc   Etp : évapotranspiration

P. Igname : production d'igname   Hygro : hygrométrie

P. Maïs : production de maïs   T.maxi : température maximale

Pluie : pluviométrie   T.mini : température minimale

Insolation : insolation

Remarque : Ce tableau 15 montre le lien étroit qui existe entre la production du manioc, de l'igname et du maïs. Par exemple, la forte corrélation qui existe entre le manioc et le maïs est de 98,61 %. Celle qui existe entre l'igname et le maïs vaut 75,58 %, tandis que le manioc et l'igname ont une corrélation estimée à 71,87 %.

Ces cultures s'adaptent bien à la zone d'étude et elles sont le plus souvent cultivées en association. D'autre part, une corrélation entre les facteurs du climat et les différentes spéculations existe, même moins forte comme l'indique ici parfois cette matrice de Pearson.

D'autres facteurs, soulignés pourraient être à l'origine de cette corrélation moins forte. Ce sont entre autres : l'authenticité des données recueillies, les erreurs de relevés, la non concordance entre les périodes ou la diversité des zones de productions, etc., car il s'agit ici de données de marchés qui ont été analysées. Sur ces marchés, les productions ont souvent été importées de différents domaines climatiques. Le lien étroit entre la pluviométrie et la production agricole n'est plus à démontrer. Cette relation se justifie bien entre les facteurs du climat et les productions agricoles dans le domaine d'étude.

Avec l'analyse de *Régression pas à pas*[56], on a déduit les équations suivantes de la forme :

Production Manioc = -0,86 Pluie- 664,20 T°Maximum+ 16,52 Insolation + 19940,5

Production Igname = -1,25 Pluie - 0,61 ETP – 900,88 T°Maximum+ 29332,30

Production Maïs= 0,35 Pluie- 229,31 T°Maximum + 5,74 Insolation + 6924,01.

Ces équations de Régression servent à appuyer les résultats de la matrice de corrélation de Pearson.

Les deux analyses ci-dessus montrent bien que la production vivrière est fortement soumise aux conditions du climat dans le domaine d'étude. On y pratique essentiellement une *agriculture sous pluie*. Les cultures de contre-saison se limitent généralement aux maraîchers et légumes cultivés dans les bas-fonds (source : *CNRA, 2002, Station de Recherche Plantes, Sols et Eaux- Bouaké*).

Dans les régions nord-ouest de la Côte d'Ivoire, l'évolution climatique actuelle a un impact notable sur le développement des plantes, sur le rendement à l'hectare et sur la production totale agricole. Ces influences du climat local sont généralement liées à la baisse des hauteurs pluviométriques de 1951 à 2008. Sur les 351 agriculteurs interrogés dans le domaine d'étude, 244 (soit 69 %) observent une baisse de leur production agricole dans le temps. L'enquête a porté notamment sur l'évolution de la production agricole durant les dix dernières années. Le tableau 16 résume les résultats de notre enquête.

---

[56] . Méthode d'analyse statistique utilisée dans les études de corrélations de certaines grandeurs.

Tableau 16 : Observations des paysans sur l'évolution des quantités de production agricole entre 1998 et 2008

Observation des agriculteurs	Nombre d'agriculteurs	Pourcentage (%)
Baisse de la production agricole dans le temps	244	69
Stabilité de la production dans le temps	38	11
Augmentation de la production agricole dans le temps	69	20
Total	**351**	**100**

(*Source : Enquête de terrain, 2008*)

Les modifications pluviométriques ne sont perceptibles qu'à la suite de plusieurs années. Les personnes les plus âgées sont de ce fait les mieux indiquées pour donner un témoignage plus fiable en matière de modification du climat et de l'environnement de façon générale. Elles sont bien conscientes de cette modification du climat. Elles la justifient par les faits suivants : « des sécheresses de plus en plus fréquentes depuis les années 1970 et des raréfactions ou des insuffisances en quantité de pluie ou même diminution de leur fréquence dans le domaine d'étude ». Il y a aussi les bouleversements des calendriers agricoles et l'insuffisance de la quantité d'eau dans les fleuves et les rivières, etc. Ce sont autant d'indicateurs pour le paysan et l'ensemble des acteurs de la filière agricole à l'échelle du domaine d'étude.

Les incidences de l'évolution climatique sur les cultures n'ont pas le même degré dans l'espace géographique; c'est dire que d'une région à une autre, les impacts divergent. Si dans la zone méridionale (région du Worodougou et du Bafing) et centrale (Denguélé + la zone de Boundiali), les quantités de pluie satisfont encore les cultures dans l'année, la situation devient cependant de plus en plus contraignante dans l'extrême nord (région de Tengréla). Dans cette région, on observe parfois des séries très longues de sécheresse avec un grand décalage au niveau des calendriers agricoles d'une année à une autre. Par exemple, ce témoignage de Monsieur Diarrassouba Yaha, 60 ans et occupant une parcelle ancestrale cultivable depuis plus de 40 ans dans le village de Nigouni (au nord de Tengréla) est vraiment révélateur :

« La situation pluviométrique devient inquiétante depuis quelques années. La preuve, cette année, 2008, j'ai semé mon maïs deux fois. Le premier semis que j'avais fait conformément aux dates antérieures, a échoué par manque de pluie » (photo 11).

Photo 11 : Parcelle de maïs de M. Diarrassouba Yaha à Nigouni / Tengréla (Diomandé, juillet 2008)

Le bouleversement des saisons agit sur les calendriers agricoles. Le développement des plants devient difficile. Déjà certains plants sont en cours d'assèchement.

Ces sécheresses répétées sont peu observées dans les régions sud du domaine d'étude. La disparité pluviométrique régionale nous amène à observer une variation significative de la production agricole. Au Sud du domaine d'étude, les produits agricoles sont variés. En plus du maïs, mil, fonio et arachide qu'on retrouve partout, le riz pluvial, l'igname et le manioc se singularisent en raison de leur relative exigence en matière d'eau. En revanche, parmi les cultures de rente, la mangue reste une spéculation exclusive du Centre et du Nord du domaine d'étude où la pluviométrie est plus réduite.

I.1.2- Impacts de l'évolution climatique sur les cultures agro-industrielles

Au niveau des cultures de spéculations, les impacts du phénomène sont surtout notoires sur les cultures annuelles. On retiendra par conséquent le cas de la *canne à sucre* et du *coton*.

154

I.1.2.1- Impacts de l'évolution climatique sur la culture de canne à sucre

L'évolution climatique joue un impact de plus en plus important sur cette activité dans le domaine d'étude. La culture de la canne à sucre nécessite certes un climat chaud, c'est-à-dire un climat où le rayonnement solaire reste déterminant (pour un taux de sucre élevé dans la canne), mais aussi et surtout beaucoup d'eau pour une canne bien imbibée, car l'eau occupe plus de 80 % des constituants de la canne, selon monsieur Timité, agent de SUCRIVOIRE. Sur les parcelles industrielles de SUCRIVOIRE, les pompes sont d'un fort usage d'eau souterraine en cas d'absence de pluie. Cela favorise un tonnage élevé à l'hectare avec un taux de sucre élevé (SUCRIVOIRE, 2007). Le travail de sucre occupe fortement les populations des villages environnants de l'usine. La canne villageoise constitue pour ces populations le produit de rente de choix au détriment du coton et de l'anacarde. Cependant, le système de pompage d'eau souterraine leur fait défaut. Les cannes villageoises sont sous l'emprise de la pluviométrie (tantôt abondante, tantôt insuffisante). Dans le travail de la canne villageoise, le calendrier agricole est très important. Le temps de sarclage, de bouture et de semis reste capital. Mais la modification du temps influe souvent très négativement sur le rendement à l'hectare du paysan. Cet extrait d'entretien avec monsieur Koné Brahima, 54 ans, planteur de canne villageoise depuis 1993 à Morifingso, en fait un témoignage :

«En 1995, soit deux ans après le début de ce travail, j'ai négligé les dates qui m'ont été communiquées par les agents techniques de l'ANADER[57], car j'avais du vivrier à semer. Conséquences, ma plantation a été très clairsemée. Les pluies ont cruellement manqué à mes jeunes plants. Aussi, les facteurs pédologiques limitent-ils parfois nos productions ».

I.1.2.2- Impacts de l'évolution climatique sur la culture du coton

L'objectif visé par l'Etat ivoirien d'implanter des unités d'égrenage de coton dans ces régions, est de rapprocher les entreprises des zones de production. Le coton en constitue la matière première. De même que la canne à sucre villageoise, la culture du coton est fortement corrélée avec les facteurs du climat, notamment la pluviométrie.

« Ici en matière de coton, le calendrier agricole doit être scrupuleusement respecté par le paysan, sinon il perd tout son travail annuel », nous confie Monsieur Issa Koné, agent technique de la compagnie cotonnière IVOIRE COTON à Séguéla.

---

[57] :Agence nationale d'Appui au Développement Rural née de la fusion de plusieurs sociétés (Sodepra, Ircc, Idessa, Irho, Satmaci, etc.).

De nos jours, l'évolution climatique, parfois marquée par de profonds bouleversements des calendriers agricoles, entraîne de lourdes conséquences sur le rendement à l'hectare des périmètres cotonniers et par ricochet sur la production totale. Le plus souvent, le coton deuxième choix est celui qui est victime des séquelles pluviométriques : boule de coton non bien formée par insuffisance d'eau, pluies trop tardives ou pluies excessives sur la boule déjà éclatée, etc. Toutes ces imperfections lors de la formation de la graine de coton se répercutent sur la qualité finale au pesage. Le premier choix est celui qui ne souffre d'aucune malformation. Il est blanc et très pur. Le deuxième choix est le coton blanc-sale.

D'une manière générale, l'évolution climatique se traduit par une baisse des quantités agricoles chez le paysan. Cela entraîne parfois une crise alimentaire notamment en période de soudure des récoltes. Chez les Malinké de Touba, on parle de "*Karmanon*" ou la période de grande faim.

I.2- Impacts de l'évolution climatique sur l'élevage

Face à l'évolution climatique, l'élevage est également menacé dans le domaine d'étude. Il reste fortement lié à la nature et par conséquent, soumis aux exigences du climat: le bétail n'est nourri qu'avec les herbes et les feuilles naturelles. De même, les bêtes sont abreuvées dans les étangs ou les cours d'eau. C'est une activité qui vit au rythme des saisons. Pendant la saison des pluies, les animaux grossissent, s'engraissent et les vaches produisent une quantité optimale de lait, selon monsieur Sangaré Adama, éleveur à Madinani. Cette situation est le fait d'une abondance d'herbe et d'eau, d'une exubérance floristique; en un mot, d'une alimentation suffisante. En revanche, une forte humidité engendre des maladies telles que le paludisme, la peste bovine, etc. chez les animaux.

En saison sèche, les animaux sont obligés de parcourir de très longues distances à la recherche de nourriture. C'est le moment des feux de brousse et d'assèchement des petits cours d'eau. Cette période voit se multiplier les conflits entre les paysans et les éleveurs. Les difficultés des éleveurs sont liées à plusieurs facteurs parmi lesquels le manque d'eau qui s'accentue dans le domaine d'étude.

A Kolia et à Tengréla, les témoignages de ces éleveurs sont éloquents.

• Pour Monsieur Sanogo Moussa, président des éleveurs de Kolia :

> «*Pendant l'hivernage, les bêtes éprouvent d'énormes difficultés ; ils maigrissent car ils manquent de sommeil à cause de la forte humidité*».

156

• Pour Messieurs Diarrassouba Fousseny et Sidibé Nour, d'une même voix, ils soutiennent :
« En saison sèche, à cause du manque d'aliments, les bêtes sont obligées d'aller très loin, se dispersant ainsi dans la brousse. Cela s'accompagne parfois de la disparition totale d'animaux ».

En somme, on retient que l'agriculture et l'élevage pratiqués dans le domaine d'étude se mesurent à l'aune des pluies. Le climat est pourtant en constante évolution. Ce phénomène, au départ naturel, est de nos jours fortement influencé par les actions anthropiques. Cela lui donne une allure plus nuisible pour nos propres réalisations économiques et dévastatrice pour l'environnement dans son ensemble. Alors qu'en est-il de l'impact du phénomène sur la société humaine elle-même ?

II- Impacts de l'évolution climatique sur les populations

La *dimension sociale des impacts* de l'évolution climatique récente s'analyse en termes de vulnérabilité ou de sécurité (capacité à faire face) des populations. Elle peut être vue comme une conséquence directe ou indirecte des impacts sur l'environnement et les économies dans le domaine d'étude. Au niveau des impacts sociaux, le bilan est négatif dans la mesure où on note que la pauvreté prend une dimension non négligeable et expose davantage les populations. Les besoins primaires sont difficilement satisfaits. Cette *pauvreté* grandissante est inhérente à l'augmentation de la démographie et à ses répercussions sur la nature. La *mobilité* des populations est exacerbée par les contraintes environnementales et les difficultés d'ordre économique et social. Elle répond souvent à l'incapacité à faire face aux changements de la part des populations.

Pour le domaine d'étude, les populations sont en majorité paysannes et pauvres. Les risques environnementaux grandissent alors que les capacités à faire face sont réduites. L'évolution climatique a des impacts réels sur les populations. Ces impacts sont d'ordre sanitaire et social. La modification du climat rend les populations plus vulnérables. Elles sont de plus en plus affectées par les maladies et de plus en plus pauvres. La situation de précarité les pousse à des migrations forcées vers de nouvelles contrées géographiques, devenant ainsi des réfugiés climatiques.

Ainsi, nous insisterons essentiellement sur les impacts de l'évolution climatique sur la *santé* dans un premier temps. Ensuite, il conviendra d'examiner les impacts sur les *migrations* des populations.

II.1- Impacts de l'évolution climatique sur la santé des populations

Face à la dégradation de la couche d'ozone, ce filtre naturel qui nous protège contre les effets des rayons ultraviolets du soleil, l'individu est davantage exposé. Cette exposition entraîne inéluctablement des maladies. Dans son mensuel n°6 du mois d'octobre 2006, l'Organisation de la Météorologie Mondiale (OMM) révèle:

«Une surexposition au soleil tue quelques 60.000 personnes chaque année dans le monde. La charge mondiale de la morbidité due au rayonnement ultraviolet solaire est le premier examen systématique de la question. L'OMM estime à 48.000 le nombre de décès par an causés par des **mélanomes malins** *et à 12.000, ceux causés par des* **carcinomes cutanés***...».*

Une intensification du rayonnement ultraviolet solaire au sol engendre des conséquences sur les espèces vivantes. Pour l'homme, une exposition modérée aux rayons ultraviolets peut provoquer des *brûlures superficielles* et des *conjonctivites*. En revanche, une exposition prolongée augmente le risque de *vieillissement de la peau* et de *cancers*, et peut faire apparaître des *cataractes* ou un affaiblissement des *défenses immunitaires* (Chauveau, 2007). Les autres effets de la pollution de l'air sur l'environnement comportent une accélération du rythme de la corrosion des bâtiments et une augmentation de la toxicité de l'eau, du sol et de la biodiversité. Il s'avère donc évident que les communautés humaines les plus exposées sont celles qui vivent entre les tropiques. La Côte d'Ivoire en fait partie.

A ces facteurs de maladie, il faut ajouter la précarité du travail agricole. La culture extensive engendrée par l'économie de marché dans le domaine d'étude au moyen de la daba et la machette nécessite de grands efforts physiques et de fortes dépenses d'énergie. L'extension des surfaces cultivables est en partie due à la relative pauvreté des sols. Le travail agricole excessif expose beaucoup les enfants et les femmes (les tranches plus vulnérables) à d'énormes risques de maladie. Le risque annuel de mourir pour une femme ou un enfant est deux fois plus élevé que celui d'un homme (Insee, Economie et statistique, n°334, 2000).

Les aspects les plus perceptibles de la modification climatique dans le domaine d'étude est la sécheresse qui est en nette progression et les températures qui augmentent. Les nids et les larves de moustiques prolifèrent avec l'augmentation de la chaleur et/ou des inondations. Cela favorise l'augmentation du nombre des paludéens (photo 12).

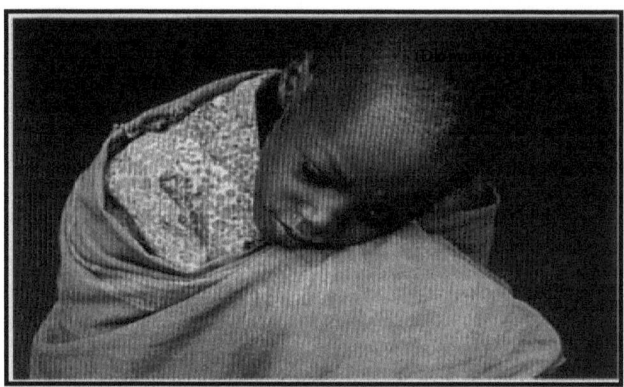

Photo 12 : Enfant atteint de paludisme à Koro /Touba   (Diomandé, juin 2008)

Les enfants en sont les plus vulnérables. Le petit Amara, 8 ans, à Koro, en souffre souvent durant l'hivernage.

Avec la modification du climat, on observe également dans ces régions, précisément en saison sèche, d'énormes quantités de lithométéores dans l'air. Les populations sont ainsi saisonnièrement exposées à des crises de *méningite,* une autre maladie infectieuse, fortement liée au climat. Cette maladie était, jadis, propre aux régions sahariennes et sahéliennes où les quantités de poussière sont élevées. Dans les régions nord-ouest de la Côte d'Ivoire, la méningite semble évoluer différemment. Les zones nord (Tengréla, Kasséré et Kouto) et centre (Boundiali, Madinani et Odienné) enregistrent plus de cas dans l'année que les régions sud du domaine d'étude, nous confie monsieur Fofana Moussa, actuel médecin-chef du Centre Hospitalier Régional (CHR) de Séguéla en ces termes :

« La méningite est tout simplement liée à la poussière. J'ai travaillé à Odienné avant de me retrouver ici à Séguéla. Je sais combien de malades de la méningite nous traitions en saison sèche et par an. Ici, pendant la saison sèche, la fréquence de ces cas est un peu moindre ».

L'harmattan n'est certes pas un phénomène récent pour les régions nord-ouest de la Côte d'Ivoire, mais sa persistance dans les dites régions est un fait récent. Cette situation est peu supportable par certains habitants plus fragiles dans le domaine d'étude.

D'autres maladies méritent d'être citées dans ces régions. Elles sont moins liées à l'évolution du climat local. Il s'agit de la *tuberculose* et de la *bilharziose* qui est due à la création de vastes zones d'eau stagnante comme des lacs de retenue, des barrages, des canaux d'irrigation et des rizières qui favorisent le développement de cette grave infection parasitaire. Les différentes raisons liées à la pauvreté et à la santé amènent les populations à quitter pour d'autres contrées géographiques dans l'espoir d'une amélioration de leur situation sociale.

II.2- Impacts de l'évolution climatique sur les migrations

Les Malinké et les Sénoufo, 98 % de la population du domaine d'étude, sont traditionnellement des peuples commerçants et agriculteurs. Les taux d'analphabétisme et de déscolarisation y sont élevés. Ils sont estimés à plus de 20 % en 1987 (FAO, 2001). C'est également une zone peu industrialisée. Le développement de ce vaste domaine d'étude a longtemps reposé sur l'agriculture essentiellement manuelle et aux moyens inadaptés. C'est une agriculture séculaire à la rentabilité faible due aux contraintes du milieu physique et aux méthodes très difficiles. Pire, la vulnérabilité s'accroît et les conditions sociales sont de plus en plus précaires. Cette situation provoque de nos jours, notamment chez les jeunes, une révolte sociale. Elle est à la base de leurs migrations à plusieurs échelles.

• On note d'abord des migrations du village vers la ville. La croissance des populations urbaines s'explique par les forts taux de croissance démographique d'une manière générale. Les facteurs d'attraction des ruraux vers les zones urbaines sont essentiellement l'emploi, l'éducation et un meilleur accès aux soins (CNUEH, 2001b). Du fait de l'influence coloniale, beaucoup de capitales et de centres urbains africains se trouvent sur le littoral, afin de maximiser les échanges commerciaux, les voyages internationaux et le développement. C'est le cas de la Côte d'Ivoire. La difficulté du travail agricole, amène les jeunes ruraux du domaine d'étude à partir; en espérant y trouver une plus grande sécurité financière. Ils considèrent que ceux qui restent au village sont encore loin du "modernisme".

Le jeune villageois, souvent illettré et sans qualification, part en ville pour apprendre un métier et avoir une qualification professionnelle. Les métiers les plus sollicités sont: la conduite professionnelle, la mécanique automobile, la menuiserie, etc. A défaut, ce sont les services domestiques, l'entretien de voitures ou des services de coiffure, de commerce et de recyclage. On pense trouver dans ces métiers, un bien meilleur être social afin de mieux s'occuper des parents au village. "Cela devient plus rentable et moins contraignant qu'un travail agricole très peu productif et soumis aux aléas du climat".

• On note ensuite des migrations des régions nord-ouest vers les régions forestières et/ou portuaires. Dans les régions de savanes, il y a moins de produits de rente comparativement aux régions de forêts du Sud. Seul le coton a longtemps constitué une source véritable de rente foncière. L'anacarde, le soja, la mangue et la canne villageoise ont été introduits plus tard dans le cadre d'une politique de diversification des produits d'exportation dans le Centre et le Nord du pays à partir de 1990. Or, le coton n'a pas la même rentabilité que le café, le cacao et le bois jadis réputés; ou le palmier à huile et l'hévéaculture introduits plus tard dans le Sud forestier. Aussi, les ports d'Abidjan et de San-Pédro, en plus de leur pouvoir de créateur d'emplois, favorisent-ils également l'implantation de plusieurs industries, des petites et moyennes entreprises (PME) et industries (PMI). Cette situation a occasionné de grands mouvements migratoires des populations du domaine d'étude vers les régions forestières et portuaires du Sud du pays.

• On note enfin des migrations des régions nord-ouest de la Côte d'Ivoire vers l'Occident. Depuis le début des années 1980, l'économie de l'arboriculture, notamment le trinôme café-cacao-bois en Côte d'Ivoire, a montré ses limites. Le Sud forestier n'est plus " l'eldorado" des jeunes du domaine d'étude. L'Europe ou les Etats-Unis deviennent désormais la grande convoitise. C'est une émigration à grande échelle qui est désormais organisée. Les voies légales de départ étant difficiles à emprunter, les jeunes du Nord-Ouest de la Côte d'Ivoire, à l'instar de leurs camarades des pays subsahariens, empruntent des voies illégales: c'est l'émigration clandestine. Dans les régions d'accueil, ces candidats à l'exil deviennent des réfugiés environnementaux déguisés.

A l'origine de ces migrations de populations se note la déception des jeunes. Ils sont déçus du travail agricole, seul héritage ancestral et parfois unique source de revenu. Cette agriculture est soumise à de nombreuses contraintes dont celles naturelles, notamment les exigences d'un climat local sans cesse en mutation. Ces mutations entraînent des répercussions néfastes sur l'environnement naturel et social. Les activités d'appoint, comme l'élevage par exemple, sont également soumises aux mêmes effets de l'évolution climatique.

161

L'évolution climatique pose de réelles répercussions sur les populations. En effet, la vulnérabilité du milieu physique et la fragilité des activités économiques entraînent chez ces populations, une incapacité à satisfaire les besoins primaires: par exemple, l'accès aux soins élémentaires. Elles sont très exposées aux maladies. Ce sont autant de raisons qui poussent les populations, notamment juvéniles, aux déplacements massifs. Les vieilles personnes assistent et absorbent impuissamment les effets d'un climat qui leur devient cruel.

Mais quels peuvent être les mesures à adapter à court, moyen et long terme à l'évolution climatique ?

**CHAPITRE III : ANALYSE DES STRATEGIES D'ADAPTATION A
L'EVOLUTION CLIMATIQUE**

De nos jours, il serait vain de mettre en place des stratégies d'adaptation face à l'évolution climatique qui ne seraient pas en phase avec le développement économique. Les populations aspirent au développement. Mais en même temps, la conservation du patrimoine naturel leur est dictée par les coutumes et les administrations modernes. Dans les régions nord-ouest de la Côte d'Ivoire, les populations sont particulièrement vulnérables à la dégradation des écosystèmes naturels et sont directement affectées par les conséquences locales de la détérioration de l'environnement économique. Face à ce double impact, elles ont mis en place des pratiques pour s'auto-protéger et protéger leurs acquis. Ce sont les stratégies d'adaptation à l'évolution climatique qui ne cesse de s'accentuer.

Nous décrirons les *stratégies d'adaptation* développées par les populations elles-mêmes (*stratégies endogènes*) et les stratégies d'appoint mises en place par les administrations compétentes pour un développement durable dans ces régions. Il s'agira donc, dans un premier temps, d'une description des stratégies qui visent à protéger ou à améliorer les *ressources naturelles*. Dans un second temps, nous développerons les aspects liés aux *conditions économiques et sociales* pour faire face au phénomène. Ce sont notamment des stratégies pour améliorer la *production agricole*, la *santé* des populations et celles susceptibles de freiner leurs *migrations*.

I- Stratégies de protection et d'amélioration du cadre environnemental

Les stratégies les plus développées dans le domaine d'étude, qui visent à améliorer le cadre environnemental, portent surtout sur la *biodiversité* et les *eaux de surface*.

I.1-Stratégies de protection et d'amélioration de la biodiversité et des eaux de surface

A l'échelle des régions nord-ouest de la Côte d'Ivoire, le domaine environnemental qui fait l'objet d'une attention particulière reste celui de la biodiversité et des eaux de surface. En effet, les espèces végétales et animales et les eaux sont sujettes à de fortes agressions de la part des populations et du climat. Des mesures existent pour les protéger. On peut ainsi dénombrer deux sortes d'initiatives locales. Il y a les *stratégies endogènes* et les *stratégies administratives*.

I.1.1- Stratégies endogènes de protection de la biodiversité et des eaux de surface

Elles se résument parfois à un ensemble d'interdits face aux agressions de la nature. Le respect du sacré tient lieu de loi rigoureuse en matière de protection de l'environnement en milieu rural. Par exemple, dans la culture sénoufo, les rites du "Poro" dans les forêts établissent un droit de protection de ces lieux comme sacrés. Mais c'est une protection d'ordre mystique. Chacun en fait un lieu interdit pour les activités quotidiennes. Dans ces régions les plus septentrionales du domaine d'étude, certaines espèces d'arbres sont également protégées dans les champs pour leurs vertus économiques. Nous avons par exemple, le *Karité*.

Chez les Malinké, certains cours ou retenues d'eau ou même certaines espèces animales sont protégés mystiquement (appartenant aux génies) et par conséquent, ils le sont par les villageois eux-mêmes. Voilà pourquoi dans cette culture, les totems sont de rigueur. On estime que chaque animal symbolise un nom de famille. Par conséquent cette famille se doit de respecter absolument cet animal qui est l'incarnation de ses ancêtres. Elle n'a pas le droit de le tuer ni d'en consommer la chair. Le tableau 17 en donne quelques exemples.

Tableau 17 : Exemples de Totems dans des familles Malinké

Famille	Animal totem symbolique
Bamba	Crocodile
Coulibaly	Mangouste
Diarrassouba	Lion
Diomandé	Eléphant
Fofana	Serpent Boa
Koné	Singe
Soumahoro	Guépard
Traoré	Ecureuil
Etc.	

(Source : Diomandé/Enquête de terrain, de juin à septembre 2008.

Par ailleurs, les religions révélées ont joué un rôle dans la protection de la biodiversité. Par exemple, dans la culture musulmane, le phacochère reste interdit de consommation. Cette interdiction s'est même élargie à tous les animaux de la même famille. Il s'agit par exemple du sanglier et du porc. Cette situation explique la relative prolifération de cette espèce animale dans la faune du domaine d'étude. Cependant, des structures étatiques ou communales agréées sont mises en place pour veiller à la protection de la faune et de la flore. Ce sont *les actions administratives*.

I.1.2- Stratégies administratives de protection de la biodiversité et des eaux de surface

Depuis la période coloniale, des programmes de plantations de bois de *Tecks* ont été entrepris par l'administration coloniale dans les régions de savanes de Côte d'Ivoire. Ces programmes rentraient dans le cadre des travaux forcés. Certaines de ces plantations de *Tecks* constituent de nos jours, de petits lambeaux forestiers en dépit de leur entretien négligé par les villageois et l'autorité administrative. Après l'indépendance du pays, la structure agréée par l'Etat de Côte d'Ivoire en matière de développement forestier est la Société de Développement des Forêts (SODEFOR) créée depuis 1966. Depuis cette date, la SODEFOR procède par diverses stratégies pour atteindre ses objectifs d'entretien et de développement des espaces forestiers sur l'étendue du territoire national. Selon Monsieur Olivier AHIMIN, sous-directeur chargé de la recherche de financements de la SODEFOR, la nouvelle vision de protection vise à atténuer les mesures coercitives (car non accompagnées par l'Etat). A cause des moyens limités de la structure, les actions de la SODEFOR s'étendent peu aux régions de savanes où les pressions foncières sont moindres. Mais plusieurs antennes de la structure y sont installées, notamment dans les principales villes du domaine d'étude comme Odienné et Séguéla.

Par ailleurs, l'Etat, à travers les différentes directions du Ministère de l'Environnement et des Eaux et Forêts (MEEF), a mis en place plusieurs réserves dans ces régions. Entre autres, on cite les réserves naturelles de Borotou et de Kani. En milieu rural, les agents des Eaux et Forêts surveillent les forêts, les animaux et les eaux de certaines pratiques malsaines.

Face à la disparition de certaines ressources forestières et hydrologiques dans le domaine d'étude, l'Etat organise, en partenariat avec des organisations non gouvernementales (ONG), des campagnes de reboisement. Par exemple, en 1988, la grande campagne nationale dénommée « *Un Ivoirien, Un arbre* », s'était étendue à la zone d'étude. Plusieurs barrages y ont été créés pour améliorer les ressources hydrologiques. Ce sont par exemple, *Sodiamci* (800 Km^2), *Washington* (500 Km^2), *Badala* (800 Km^2), *Doundala* (500 Km^2) et *Madinani* (100 Km^2). Dans les centres urbains, ce rôle du Ministère de l'Environnement est élargi aux municipalités dans la gestion des ordures ménagères, des eaux usées, etc.

II- Stratégies d'amélioration des conditions économiques et sociales

Elles concernent les stratégies qui visent à améliorer les productions agricoles et d'autres conditions d'existence (*santé* et bien-être *social* des populations).

II.1- Stratégies d'amélioration des conditions économiques

On distingue des *stratégies endogènes* et des *stratégies administratives*.

II.1.1- Stratégies endogènes d'amélioration de la production agricole

Les pluies sont de plus en plus rares dans les régions nord-ouest de la Côte d'Ivoire. Cette situation entraîne un bouleversement des calendriers agricoles préétablis. Pire, ce sont les sols qui s'appauvrissent de plus en plus. Les quantités des différentes productions agricoles par paysan ne cessent de baisser. A l'échelle du domaine d'étude, plusieurs stratégies ont vu le jour. A Bougoula, dans la région de Tengréla, la danse sécrète des vieilles femmes appelée « *Midjon* » est organisée pour lutter contre la sécheresse. A Ourossaniso, on adore *Koronon-Mansa*, la colline aux génies pour qu'il pleuve. Le témoignage de monsieur Namoué, 78 ans, chef du village de Ourossaniso et paysan, est ici révélateur :

« Lorsque la sécheresse perdurait, nous allions adorer Koronon-Mansa et il pleuvait abondamment. Les récoltes étaient bonnes. Mais à cause du modernisme et de l'Islam, tous ces rites disparaissent. Nous en subissons aujourd'hui les conséquences ».

On assiste aussi à l'utilisation abusive d'engrais chimique ou d'origine végétale. Par exemple, à l'extrême nord du domaine d'étude où les sols se sont plus appauvris, il devient quasiment impossible pour les paysans de faire une bonne récolte sans l'aide intensive des engrais, des herbicides et des pesticides. Les paysans de Blédjimini, Nigouni, Kanakono, etc. sont victimes de cette situation. L'objectif de leur utilisation est d'intensifier l'agriculture. Par endroit, l'on pratique les jachères et la rotation des cultures. Ces techniques visent à améliorer les quantités de production.

A cause de la récession pluviométrique, les systèmes de production agricole connaissent une mutation. Ainsi pour la production céréalière, les populations ont tendance à se tourner plus vers les bas-fonds pour y pratiquer la riziculture irriguée dans la région de Touba. Cette dernière s'y développe de plus en plus au détriment de la riziculture pluviale. Avec la riziculture irriguée, le paysan peut accroître sa production agricole dans l'année car ayant renouvelé ses casiers rizicoles plusieurs fois. Cette technique s'étend de nos jours à d'autres cultures notamment le maïs, l'arachide et le haricot.

La grande innovation agricole pour améliorer les productions agricoles sur l'ensemble du domaine d'étude reste la culture attelée (photo 13). Elle vise une agriculture extensive. Les paysans aspirent à une agriculture motorisée et mécanisée, gage d'une agriculture sécurisée contre l'évolution climatique.

Photo 13 : Utilisation de la charrue sur une parcelle de riz pluvial à Ourossaniso   (Diomandé, juin 2008)

II.1.2- Stratégies administratives d'amélioration de la production agricole

En vue d'améliorer la production agricole, les structures étatiques viennent en appoint aux stratégies endogènes. Plusieurs mesures sont entreprises dans les régions nord-ouest de la Côte d'Ivoire. Des structures d'assistance aux paysans sur le terrain existent. C'est le cas de l'Agence Nationale d'Appui au Développement Rural (ANADER). Cette structure de l'Etat intervient à la fois dans le secteur du vivrier que dans celui des cultures de rente comme la canne à sucre villageoise, le coton et l'anacarde. De surcroît, le Centre National de Recherche Agronomique (CNRA) a mis en place plusieurs nouvelles variétés de cultures. Ces variétés ont des caractéristiques qui s'adaptent mieux au contexte de récession pluviométrique. Elles sont également moins contraignantes en termes de fertilité de sols. C'est le cas de « *l'igname Florido* ». On trouve également des variétés de maïs au cycle végétatif court. On parle du *maïs de deux mois*. Grâce à l'Agence de Développement du Riz en Afrique de l'Ouest (ADRAO), de nouvelles variétés de riz ont été vulgarisées dans le domaine d'étude. Elles se caractérisent surtout par leur cycle végétatif plus court et par leur production. Enfin, dans une politique de diversification des cultures dans les régions nord-ouest de la Côte d'Ivoire, les projets soja ont été initiés dans les années 1980 à Ouaninou (Touba) et à Odienné.

167

II.2- Stratégies d'amélioration des conditions sociales

Ces stratégies s'intéressent essentiellement aux *conditions sanitaires* et aux *migrations* des populations.

II.2.1- Stratégies d'amélioration de la santé des populations

L'amélioration des conditions de santé reste une préoccupation des populations. Ces dernières sont de plus en plus vulnérables face à l'évolution climatique. A cet effet, plusieurs stratégies sont développées à l'échelle du domaine d'étude.

Le rôle de la pharmacopée traditionnelle est primordial dans ce processus. Cette médecine se base sur les éléments de la nature : des espèces végétales, des croûtes terrestres, des os d'animaux, etc. A Ourossaniso, au Sud du domaine d'étude, le *Khaya Senegalensis* ou « Djara » a un usage excessif à cause de ses vertus thérapeutiques. Il intervient dans le traitement de plusieurs maladies par ses feuilles, ses écorces ou ses racines. Il a aussi d'autres usages tels que l'alimentation du bétail et le bois de chauffe (photo 14).

Photo 14 : Utilisation abusive de l'écorce d'un Khaya senegalensis pour Thérapie à Ourossaniso /Touba   (Diomandé, juin 2008)

A côté de la pharmacopée, la médecine moderne fait de nombreux progrès dans les régions nord-ouest de la Côte d'Ivoire. Au total, on dénombre plusieurs infrastructures sanitaires : cinq (5) centres hospitaliers de dimension régionale (Touba, Odienné, Tengréla, Boundiali et Séguéla), 11 centres de santé de grandes capacités et au moins 47 centres de santé communautaire (dispensaires et infirmeries) répartis sur l'ensemble du domaine d'étude. On note par ailleurs une prolifération de cliniques privées dans les centres urbains.

Il y a de nos jours, le développement d'une médecine qui fait la jonction entre les deux premières. C'est la médecine tradi-moderne ou la biomédecine. Elle utilise les plantes qui subissent un traitement semi-industriel. Une autre catégorie de médecine, qui se développe dans ces régions, est la médecine chinoise. Les produits de ces deux dernières médecines pullulent sur les marchés, les gares et autres lieux publics.

Les différents services médicaux et paramédicaux contribuent énormément à améliorer la santé des populations. Si des efforts sont faits pour s'occuper de leur bien-être physique, des stratégies sont également envisagées pour le bien-être social des populations. Ce sont des conditions idoines pour freiner les migrations.

II.2.2- Stratégies contre les migrations des populations

L'évolution climatique laisse des séquelles sur le milieu physique, les économies et les populations. L'accentuation de ce phénomène a créé le désespoir chez certaines couches de la population. Il s'agit surtout des jeunes qui se voient contraints de partir. Ces départs fragilisent les économies du domaine d'étude. Pour palier à cette situation, plusieurs stratégies sont mises en place. Elles sont de deux ordres.

Du point de vue endogène, les vieilles personnes jouent un rôle important, notamment dans le village. Elles sont chargées de l'éducation des plus jeunes, potentiels candidats à l'émigration. Cette éducation porte sur l'enseignement des valeurs culturelles du terroir aux jeunes. En pays sénoufo, l'initiation au poro assure ce rôle d'éducation. Cette initiation est une école qui éduque à la fois plusieurs jeunes de même génération. C'est donc une école commune à l'échelle du village ou du canton. Chez les Malinké, cette éducation se fait dans une cellule plus réduite, la famille.

A l'issue de cette éducation, les jeunes deviennent responsables et se voient confier plusieurs rôles dans la famille, le village ou le canton. Cette responsabilité dans la vie politico-sociale dans la famille ou dans le village anéantit tout désir de partir. Par ailleurs, ils sont parfois obligés de se marier et de fonder un foyer. Cette lourde responsabilité constitue pour la plupart un frein au départ volontaire.

Des stratégies administratives sont un complément des stratégies endogènes mentionnées plus haut. Pour maintenir les jeunes au village, plusieurs stratégies sont entreprises par l'Etat. Elles concernent d'abord la modernisation des activités économiques. Pour l'agriculture, des efforts sont entrepris pour sa mécanisation. L'Etat accorde, à cet effet, des subventions sur les prix des engrais. L'ANADER octroie des crédits pour équiper les jeunes de charrues multiformes. Des fonds d'aide sont également accordés aux jeunes pour leur retour à la terre par la banque COOPEC (Coopérative d'Epargne et de Crédit). Elle accorde des crédits aux jeunes pour entreprendre leur activité agricole ou pastorale, mais aussi pour la création d'autres activités créatrices de revenus.

Pour faire face au déséquilibre de développement régional, et dans le souci de maintenir les jeunes dans leur région d'origine, l'Etat a mis en place quelques unités industrielles dans ces régions. Par exemple, la Sodesucre à Borotou-Koro en 1975 et des égrenages de coton à Séguéla, Boundiali et Odienné. Les projets MOTORAGRI pour le développement de la riziculture dans le département de Touba visait l'autosuffisance alimentaire dans cette région. La mise en place d'un prix spécial destiné au meilleur cultivateur au plan régional et national dénommé «Coupe nationale du progrès» avait pour objectif d'encourager les paysans dans le domaine qui est le leur.

Enfin, l'Etat lutte contre les migrations des jeunes dans les régions nord-ouest de la Côte d'Ivoire par la modernisation des villages. Celle-ci passe par la dotation des villages en équipements et en infrastructures. Il s'agit entre autres, d'électrification rurale à grande échelle. En exemple, nous avons le projet ivoiro-canadien en cours depuis 2000 dans la région qui consiste à électrifier à long terme tous les villages du domaine d'étude. Ce sont aussi des centres culturels, des aires de jeux équipées, de réseaux téléphoniques, etc. qui sont mis en place.

En somme, plusieurs politiques locales ou administratives sont entreprises pour lutter contre les migrations des populations dans le domaine d'étude.

Conclusion

Dans les régions nord-ouest de la Côte d'Ivoire, la péjoration du climat marque une véritable empreinte sur l'environnement d'une manière générale. On assiste à un profond façonnement du milieu physique à différentes échelles.

Les ressources hydrologiques, bien qu'abondantes sont sous le joug permanent du tarissement, de l'ensablement et de la pollution. Les sols subissent les effets des sécheresses et / ou des inondations qui les façonnent négativement. Il s'agit de l'induration, du cuirassement et de l'érosion. La biodiversité est profondément menacée parce que les espèces ou les sous-espèces végétales sont en voie d'extinction. Les animaux perdent leur habitat naturel. L'atmosphère se modifie de plus en plus négativement par la combustion abusive de la biomasse.

Ces différentes modifications environnementales produisent des impacts réels sur les économies et les populations du domaine d'étude. La structure économique est affectée dans toute sa composante. Les populations tirent l'essentiel de leur subsistance de l'exploitation des ressources naturelles. Mais l'évolution climatique a provoqué la précarité des régimes fonciers. Les productions agricoles et pastorales notamment sont en baisse constante dans ces régions. Pire, ce sont les populations qui sont physiquement et sociologiquement menacées. Leur santé est de plus en plus précaire. A cause cette vulnérabilité, elles se sentent parfois obligées de partir vers d'autres horizons.

Face à la recrudescence de l'évolution climatique et de ses impacts, des stratégies d'adaptation sont mises en place. Les acteurs de ces stratégies sont principalement les populations à travers des initiatives endogènes et l'Etat. Dans l'ensemble, elles visent à améliorer le cadre environnemental, les productions agro-pastorales et les aspects sociaux.

CONCLUSION GENERALE

L'étude climatique et environnementale des régions nord-ouest de la Côte d'Ivoire révèle trois aspects fondamentaux : l'importance du cadre physique pour l'étude, celle des manifestations de l'évolution climatique et les différentes stratégies développées en fonction des impacts observés.

La géologie du domaine est dominée par le craton ouest africain. Les plateaux sont la forme dominante du relief. Les sols ferralitiques abondent même si par endroit, il existe des terrains ferrugineux. Le fleuve *Sassandra* constitue l'ossature principale de l'hydrographie. On y trouve également de nombreux cours d'eau importants par leur débit : la *Boa*, le *Bafing* et le *Yani* dans la partie méridionale et la *Bagoé* entre Boundiali et Tengréla au Nord. Les caractéristiques climatiques sont une réponse locale aux mécanismes de la circulation atmosphérique de la sous-région ouest-africaine. On peut ainsi distinguer à l'échelle locale, un *climat sud-soudanien* et un *climat nord-soudanien*. Les principaux facteurs de la pluviogenèse restent ainsi liés essentiellement au balancement de l'Equateur Météorologique en latitude. Les régions nord-ouest de la Côte d'Ivoire sont un domaine savanicole. Au Sud du domaine d'étude, il s'agit d'une savane préforestière. Elle se dégrade sensiblement lorsqu'on remonte vers le Nord où l'on retrouve respectivement une savane boisée et une savane arborée.

Les aspects socio-économiques sont importants. Les Malinké et les Sénoufo en constituent les populations autochtones. L'étude démographique indique une population diversifiée qui croît vite dans le temps. Dans sa structure, elle reste dominée par les jeunes. Cependant, cette population est mal répartie dans l'espace géographique. Ainsi, l'économie est aussi le reflet de cette culture à deux sources. L'agriculture d'abord et le commerce ensuite, en constituent le poumon. L'agriculture reste dominée par le peuple sénoufo. Mais le commerce est l'affaire des Malinké. Les systèmes agricoles restent calqués sur la tradition. Ils sont grands consommateurs d'espace avec des moyens peu commodes. L'élevage, l'exploitation des mines et du bois, la cueillette, la chasse et la pêche complètent cette activité. L'industrie, en dépit de quelques unités agro-alimentaires, reste dans l'impasse.

De nos jours, ce riche patrimoine naturel et culturel subit les effets néfastes de l'évolution climatique. En effet, l'étude climatique de 1951 à 2008 a permis de constater un dérèglement du climat local qui se traduit par une baisse généralisée de la pluviométrie et du bilan climatique et une hausse de la température. Cette évolution se manifeste par une accentuation du régime unimodal de la pluviométrie. Des mois jadis pluvieux deviennent secs avec le temps. A la lecture de cette évolution, deux configurations nettement distinctes se dégagent. De 1951 à 1972, la pluviométrie a été globalement excédentaire. Mais de 1973 à 2008, une nouvelle donne est observée dans cette évolution. Elle se caractérise par un déficit pluviométrique avec plusieurs années ou même des séquences consécutives de moindre pluviométrie. La température a évolué dans le sens inverse de la pluviométrie.

L'évolution des facteurs climatiques varie également selon la région. Des divergences existent lorsqu'on passe du domaine méridional et central au domaine septentrional. Le Sud et le Centre sont plus arrosés et il y fait relativement moins chaud. Dans le Nord, la pluviométrie est plus atténuée avec des températures plus élevées. Le test non paramétrique de Pettitt a confirmé cette modification par la présence de la rupture dans l'évolution de la situation pluviométrique dans le domaine d'étude. L'année *1972* a été indiquée comme celle qui marque la fin de l'excédent pluviométrique à l'échelon des régions nord-ouest de la Côte d'Ivoire.

L'évolution du bilan climatique est la conséquence logique de celles de la pluviométrie et de la température. Les indices de sécheresse connaissent deux phases dans leur évolution spatio-temporelle. Jadis humides, les différents milieux écologiques du domaine d'étude ont évolué vers des milieux subhumides. Aujourd'hui, les milieux qui conservent leur état d'humidité se raréfient. La sécheresse s'accentue davantage lorsqu'on remonte plus au Nord du domaine d'étude.

La modification de la carte climatique du domaine d'étude n'est pas sans impacts sur l'environnement physique, les économies et les populations. Ces impacts se traduisent par la faiblesse des écoulements et le tarissement des ressources hydrologiques. On observe également l'extinction et/ou la disparition des espèces floristiques et fauniques. Le phénomène dépouille les sols de leurs éléments humifères et les expose à l'induration, au cuirassement, à l'érosion et au lessivage. Par ailleurs, c'est la pollution de l'atmosphère par la combustion à grande échelle de la biomasse.

Les activités économiques sont aussi affectées par l'évolution du climat. L'agriculture, principal moteur des économies, en est la première victime. On note une insuffisance des pluies, entraînant des épisodes de sécheresses plus ou moins longues. La rareté des sols arables est le fait de l'induration et de l'érosion. Tout cela se répercute sur l'agriculture à plusieurs échelles : insuffisances de productivité et de production. L'élevage présente deux visages dans l'année : rendement élevé en saison des pluies et faible en saison sèche. De nos jours, les tendances sont à la baisse dans ce secteur à cause de cette péjoration climatique.

Les populations sont de plus en plus vulnérables à la modification du climat. La baisse de leur rendement agricole, voire économique les affecte psychologiquement. Cette incapacité à faire face aux besoins primaires les expose à plusieurs maladies notamment celles liées au climat. La recherche de solution à ces différents problèmes sociaux entraîne chez ces populations des migrations. L'évolution climatique dans les régions nord-ouest de la Côte d'Ivoire est certes inquiétante, mais il existe des mesures d'adaptation au fléau. Ces stratégies peuvent être classées en deux types essentiels.

Il y a les stratégies endogènes qui permettent de préserver et d'améliorer les acquis naturels et les capacités de production. Il s'agit de responsabiliser les populations locales à la gestion et à la protection de leurs écosystèmes et patrimoines. Ensuite, les actions administratives qui les accompagnent ont pour but de renforcer les initiatives locales. Pour cela, l'Etat crée des politiques de développement local et sensibilise les populations à l'adoption d'un nouveau mode de vie de production et de consommation. Il encourage par conséquent le développement des énergies nouvelles et renouvelables (ENR). Les énergies propres ont un avenir certain dans la protection de l'environnement. Dans le domaine d'étude, de réelles potentialités s'offrent au développement de l'hydraulique, des cultures énergétiques, des techniques de capture et de séquestration de CO_2, du traitement des déchets agricoles et urbains pour en faire du biogaz, etc.

Ce travail est à la fois une monographie et une échographie sur les régions nord-ouest de la Côte d'Ivoire. Du point de vue social, il lève le voile sur les problèmes climatiques liés à l'environnement et aux populations. L'étude présente également les potentialités de développement pour les décideurs. Au plan scientifique, des perspectives de recherche se dégagent notamment sur le contraste entre les quantités de pluie élevées à Odienné et sa végétation de savanes boisées. Il y a par conséquent la possibilité pour nous d'approfondir la recherche avec *l'indice bioclimatique*. Bien que succinctement évoquée, l'hydrographie du domaine reste peu connue. Elle évoque la problématique de la corrélation entre la pluviométrie et la lame d'eau écoulée, d'où la nécessité d'une collaboration pour améliorer les recherches futures sur le domaine d'étude. Au plan socio-économique, les distorsions entre les richesses du sous-sol dans les régions minières et la paupérisation de ses habitants suscitent aussi des interrogations.

REFERENCES BIBLIOGRAPHIQUES

I- OUVRAGES GENERAUX

Amselle J.L, Bulteau P., Freud C., et Al., 1991. Evaluation du programme Soja. Paris, République de Côte d'Ivoire, Ministère de l'Agriculture, CIRAD, 13p.

Arnaud J.C, 1982. Le développement de la culture cotonnière dans les savanes ivoiriennes, point de vue du géographe 20 ans après le lancement de l'opération. Cahiers géographiques de Rouen, n°17, pp.11-22.

Atlas de Côte d'Ivoire, 1979. Abidjan, Ministère du Plan, ORSTOM, Université d'Abidjan, 46 planches+notices.

Avenard J.M., 1971. Aspects de la géomorphologie, in Le milieu naturel de Côte d'Ivoire. Paris, ORSTOM, coll. mémoires, n°50, pp.7-72.

Barry M.B., Bigot Y., Estur G., 1977. Culture cotonnière et structure de production agricole dans le Nord-Ouest de la Côte d'Ivoire. Cahiers du Cires, n°15-16, Abidjan, pp. 42-99.

Bigot Y, 1979. Analyse technico-économique du système de production cotonnier dans le Nord-Ouest de la Côte d'Ivoire en 1976-1978. Effet de l'introduction de la culture attelée et difficultés d'intégration des cultures vivrières à l'encadrement cotonnier. Bouaké, IRAT, 36p.

Bigot Y., 1981b. La culture attelée et ses limites dans l'évolution des systèmes de production en zone de savane de Côte d'Ivoire. Cahiers du CIRES, n°30, 17p.

Bigot Y., 1982. Le maïs de rente dans l'extrême nord de la Côte d'Ivoire : opportunités de production, problèmes de commercialisation. Montpellier, IRAT, 15p.

Blanc-Pamard Ch., 1975. Un jeu écologique différentiel. Les communautés rurales du contact forêt-savane au fond du « V » baoulé. Paris, EHESS, 308p.

Braconnier R. Glandard J., 1982. Larousse agricole. Librairie LAROUSSE, 1335p.

Cazes G., Domingo J., 1991. Le sous-développement et ses critères. BREAL, pp. 127-162.

Chaléard J.L., 1989. Approvisionnement des villes et mutations rurales en Afrique tropicale, les cas du Nord-ouest et du Sud-Ouest ivoiriens (rapport de convention avec le Ministère de la Coopération). Université de Paris X-Nanterre, CEGAN, 16p.

Chaléard J.L., 1996. Temps des vivres, Temps des villes, « l'essor du vivrier marchand en Côte d'Ivoire », Karthala, Paris, 634p.

CORAF Action n°10, 1999. Lettre d'information pour la recherche et le développement agricole en Afrique de l'Ouest et du Centre. 1er trimestre, pp2-3, 12p.

Davau S, Ribeiro O., 1973. La zone intertropicale humide. Armand Colin, paris, 276p.

DCGTX, 1988. Projet de développement agricole de Touba. Mise à jour de l'étude de faisabilité de décembre 1986. Abidjan, Présidence de la République-DCGTX, 2, 40P.

DCGTX, 1990. Marché de gros de Bouaké. Dossier programme. Abidjan, DCGTX, 2 vol. Rapport général, 63p, 1 vol. d'annexes.

Guillaumet J.L., Adjanohoun E., 1971. Recherches sur la végétation de la Côte d'Ivoire, in le milieu naturel de Côte d'Ivoire. Paris, ORSTOM, coll. Mémoires, n°50, pp.157-265.

Hauhouot A., Koby A., Atta K., 1984. De la savane à la forêt. Etude des migrations des populations du centre Bandama. Abidjan, Institut de Géographie Tropicale, International Development Research centre of Canada, 222p.

Hirsch R. D., 1984. La riziculture ivoirienne : diagnostic et conditions préalables d'une relance. Paris, CCCE, 143p.

Hoffmann O., 1985. Pratiques pastorales et dynamique du couvert végétal en pays Lobi (nord-est de la Côte d'Ivoire). Paris, ORSTOM, coll., Travaux et Documents, n°189, 355p.

IDET-CEGOS, 1968. La région d'Odienné-Séguéla. Abidjan, Ministère du plan, Tome 1 : Etude socio-économique ; Tome 2 : Perspectives de développement ; Tome 3 : Annexes

Kipré P, 1992. Histoire de la Côte d'Ivoire. AMI, Côte d'Ivoire, 123p ;

Knafou R., 1996. Les hommes et la terre. Géographie 2è, BELIN, Paris, 270p.

Koby A.T., 1972. Etude géographique des marchés de la sous-préfecture de Bondoukou : organisation, fonctionnement, relations ville de Bondoukou-campagne. Annales de l'université d'Abidjan, Tome IV, pp.147-174.

Le Chau, 1966. Le commerce dans la région de Bouaké, Côte d'Ivoire. Une étude du commerce régional et interrégional dans l'Ouest africain. Cahiers ORSTOM, sér. Sci. Hum. Vol.III, n°3, pp.3-105.

Le monde diplomatique de 1978 à 2006. Moteur de Recherche. IDM, 2007.

Riou G., 1990. Géographie physique de l'Afrique occidentale et centrale. Ellipses, Paris, 160p.

Sautter G., 1968. Les structures agraires en Afrique tropicale. Paris, CDU, 226p.

UNICEF, 1992 : La Côte d'Ivoire, UNICEF, dossier n°2, 42p.

Wakermann G., 2005. Dictionnaire de la Géographie. Ellipses, Paris, 512p.

II- OUVRAGES SPECIAUX

Adoulaye D., 1999. Analyse et représentation des données de températures et de pluviométrie dans la région de Korhogo de 1971 à 1995. IGT, Abidjan, 88p.

André P, Delisle C. E., Revéret J.P., 2003. L'Evaluation des impacts sur l'Environnement. Lavoisier Editions, Canada, 519 p.

Aubreville, 1949. Les parcelles feux. Cirad, Paris, p.311

Autorités administratives, 2007. Le climat de la Côte d'Ivoire. ASECNA, Service météorologique.

Bayo O., 1984. On the initiation and organization of deep convective system over west Africa. WM/ TD; n°23, pp.154-157

Brunet M.Y., 1968. Etude générale des averses exceptionnelles en Afrique de l'Ouest. Rapport de synthèse, ORSTOM, 12p.

Brou Yao T., 1997. Analyse et dynamique de la pluviométrie en milieu forestier : Recherches de corrélation entre les variables climatiques et les variables liées aux activités anthropiques. Th de 3è cycle, IGT, Université de Cocody, Abidjan, 309p.

Brou Yao T., 2000. Bilan des activités pour la lutte contre la désertification et les effets de la sécheresse en Côte d'Ivoire. CCDL, Ministère de l'Environnement et de la forêt, Abidjan, 33p.

Brou Yao T., 2005. Variabilité climatique, dynamique agroforestière et mutations socio-économiques en Côte d'Ivoire. Travaux d'Habilitation à Diriger des Recherches de 3è cycle.

Chauveau L, 2007. Petit atlas des risques écologiques. Larousse, France, 128 p.

Comité Interafricain d'études hydrauliques, 1968. Précipitations journalières de l'origine des stations à 1965. ORSTOM-République de Côte d'Ivoire, service hydrologie, Paris, 667p.

Comité Interafricain d'études hydrauliques, 1980. Précipitations journalières de 1966 à 1980. ORSTOM-République de Côte d'Ivoire, service hydrologie, Paris, 667p.

Dacosta H., 1992. Genèse et méthode d'analyse des précipitations au Sahel. 13p.

Diaw A.T et al., 1993. Le régime des marées à Djifère (Saloum), in Actes de l'atelier de Gorée sur la gestion des ressources côtières et littorales du Sénégal. Diaw A.T. et.al.EDS, ULNCN, Gland, pp.43-61.

Diaw A.T et al., 1993 : Géographie des terrains salés et nus de mangrove : la problématique des tannes, in Actes de l'atelier de Gorée sur la gestion des ressources côtières et littorales du Sénégal. Diaw A.T. et.al.EDS, ULNCN, Gland, pp.43-61.

Diaw A.T., 1997. Evolution des milieux littoraux du Sénégal : Géomorphologie et Télédétection. Thèse de Doctorat es-lettres, Université de Paris I Panthéon-Sorbonne, 270p.

Dumolard P., Dubus N., Charleux L., 2003. Les statistiques en Géographie/ cours. Documents. Entraînements, Belin, Paris, 263p.

Dupont Y., 2004. Dictionnaire des risques. Armand Colin, France, 421p.

Durand B., 2007. Energie et Environnement / Les risques et les enjeux d'une crise annoncée. EDF sciences, France, 319p.

Eldin M., 1971. Le milieu naturel de Côte d'Ivoire. Collection Mémoires, n°50 ORSTOM, Paris, pp.73-108.

Escourou G., 1978. Climatologie pratique. Masson, Paris, 172p.

Estienne P., Godard A., 1970. Climatologie. Armand Colin, Paris, 368p.

Foucault A., 1993. Climat. Fayard, France, 328p.

Fellous J.L., Gauthier C., 2007. Comprendre le changement climatique. Odile Jacob sciences, France, 297p.

G. Mahé, Y. L'hote., 1992. Utilisation de la méthode du vecteur régional pour la description des variations pluviométriques interannuelles en Afrique de l'ouest et centrale. VIIIᵉ journées hydrologiques - Orstom.

Germain H., 1966. Situation typique de petit hivernage (heug). Publ. Dir. Expl. Mét. Série I, n°9, ASECNA, Dakar.

Guyot G., 1999. Climatologie de l'environnement. DUNOD, Paris, 525p.

Haudecoeur B., 1972. Relation entre l'hydroclimat côtier et le climat en Côte d'Ivoire. ORSTOM, 13p.

Hufty A., 2005. Introduction à la Climatologie. Deboeck, Québec, Canada, 542p.

Jancovici J.M., 2002. L'avenir climatique. Quel temps ferons-nous ? Edition du Seuil, 283p.

Jourda J.P., 2005. Méthodologie d'application des techniques de télédétection et des systèmes d'information géographique à l'étude des aquifères fissurés d'Afrique de l'Ouest. Concept de l'hydrospatiale : cas des zones tests de la Côte d'Ivoire. Thèse de Doctorat d'Etat, Université de Cocody, Abidjan.

Jouzel J., 2007. Un diagnostic mieux affirmé in Le climat du XXIè siècle. Les comptes rendus de l'Académie des sciences n°328, pp229-239.

Jouzel J., Debroise A., 2007. Le Climat : jeu dangereux. DUNOD, Paris, 220p.

Kamto M., 1996. Droit de l'Environnement en Afrique. EDICEF/AUPELF, France, 415p.

Keiling J, Martin M, Casalis J., 1968. Rôle de la Climatologie et la Météorologie dans la protection des cultures in Encyclopédie agricole permanente. Techniques, Paris, Tome I, pp.359-360p., 2190p.

Labeyrie J., 1985. L'homme et le Climat. Denoël, Paris, 342p.

Lavauden, 1927. Les forêts du Sahara. Paris, 203p.

Leborgne J., 1978. Mécanismes de la circulation atmosphérique au Sénégal. polycopié, départ. De Géo., Université de Dakar, 12p.

Leborgne J.,1990. « La dégradation actuelle du climat en Afrique entre Sahara et Equateur ». La dégradation des paysages en Afrique de l'Ouest. (Paris, Minis. De la Coop. Et de dévelop. ; presses Univ. De Dakar ; Ed. par J-F Richard) : pp.17-36.

Leroux M., 1974. Champ de vent d'altitude en Afrique occidentale. Publ. Dir. Expl. Mét., Série I, n°34, ASECNA Dakar.

Leroux M., 1975. Alizé ou Mousson ? Climatologie dynamique de l'Afrique. Trav. Et Doc. De Géo. Trop., n°19, CEGET, CNRS, Bordeaux, p.96

Leroux M.,1983. Le climat de l'Afrique tropicale. Paris, Genèse, Ed. M. Champion, Tom. 1 et 2, 633p. + Atlas.

Leroux M., 1988. La variabilité des précipitations en Afrique occidentale : les composantes aérologiques du problème. In Veille Climatique Satellitaire n°22, mai 1988.

Leroux M., 1995. « La dynamique de la Grande sécheresse sahélienne ». Revue de Géographie de Lyon, 70, 3-4 : pp.223-232.

Leboeuf P., Marchal E., Amon Tchothias J.B., 1993. Environnement et ressources aquatiques de Côte d'Ivoire. Tome I, ORSTOM, 189 p.

Meunier F., 2005. Domestiquer l'effet de serre/ Energies et développement durable. Denod, Paris, 171p.

Pagney P., 1986. Etudes de Climatologie tropicale. Masson, paris, 206 p.

Paturel J.E., Servat E., Delattre M.O., 1998. Analyse de séries pluviométriques de longues durées en Afrique de l'ouest et centrale non sahélienne dans un contexte de variabilité climatique. Journal des Sciences Hydrologiques, 43 (6).

Pédelaborde P., 1991. Introduction à l'étude scientifique du climat. SEDES, France, 350p.

PNUE, 2002. L'Avenir de l'Environnement en Afrique/ le passé, le présent et les perspectives d'avenir. AERO, Nairobi-Kenya, 421p.

Vaillancourt J.G., 1995. ″ Sauver la planète. Les enjeux sociaux de l'environnement", Ellipses, Paris, 225p.

Veyret Y., 2007. Dictionnaire de l'Environnement. Armand Colin, France, 403p.

Vigneau J-P., 2007. « Géoclimatologie ». Ellipses, Paris, 334p.

Reyniers F-Noël, Netoyo L., 1994. « Bilan hydrique agricole et sécheresse en Afrique tropicale ». John Labery Eurotext, Paris, 415p.

Sagna P., 1988. Etude des lignes de grains en Afrique de l'Ouest. Thèse de Doctorat de 3è cycle, Univ. Cheikh Anta Diop, Départ. de Géo., tome I, 291p.

Sagna P., 1995. « L'évolution pluviométrique récente de la Grande-Côte du Sénégal et de l'archipel du Cap-Vert ». Revue de Géographie de Lyon, 70, 3-4 : pp.187-192.

Sagna P., 1996. « Situation pluviométrique au Sahel sénégalais ». Rapport technique à 2 ans (Dakar, IFAN, projet Ecossén) : pp.110-121.

Sagna P., 1997. « Evolution de la pluviométrie du Sahel sénégalais ». Rapport technique à 3 ans (Dakar, IFAN, projet Ecossén), pp. 17-22.

Saugout N, Ichbiah D., 2007. Sauver la Terre/ 365 gestes verts au quotidien. l'Archipel, Malaisie, 428p.

Servat E., Paturel J.E., Lubès-Niel H., Kouamé B., Masson J.M., Travaglio M., Marieu B., 1999. De différents aspects de la variabilité de la pluviométrie en Afrique de l'ouest et centrale. Revue des Sciences de l'eau, vol. 12, n°2.

Sighomnou D., 2004. Analyse et redéfinition des régimes climatiques et Hydrologiques du Cameroun : perspectives d'évolution des ressources en eau. thèse Doctorat d'Etat, Université de Yaoundé.

Syfia International, 2008. Environnement/ Les bons " plants" des Africains, Publibook, France, 135p.

Tabeaud M., 2002. « Synthèse » : la climatologie générale. Armand Colin, Paris, 96p.

Köppen W., 1918. Classification climatique de type empirique. Paris, 324p.

YAO N. R., ORSOT-DESS D, KOFFI B et **FONDIO L.** Déclin de la pluviosité en Côte d'Ivoire : impact éventuel sur la production du palmier à huile. Sécheresse, 1995, 6 :265-71.

III- SITES INTERNET

WWW.GOOGLE.FR : Lancement des recherches diverses.

WWW.FAO.ORG : "Archives des documents FAO, 2001/Département forêt- Côte d'Ivoire".

WWW.ABIDJAN.NET : Informations géographiques de la Côte d'Ivoire.

WWW.DW.IWNI.ORG/IDIS-DP/HOME.ASPX: Les données climatiques des stations d'observations de Côte d'Ivoire.

ANNEXES

ANNEXE 1 : Rapport de stage

Etude expérimentale : Analyse de la migration de l'Equateur météorologique au niveau de la Côte d'Ivoire

Du 03 mars 2007 au 27 novembre 2008, nous avons effectué un stage au bloc technique du service de la prévision météorologique de l'ASECNA de Dakar-Yoff (aéroport Léopold Sédar Senghor) au Sénégal. Le stage s'est effectué en deux volets :

• d'une part, une formation pratique relative à la lecture et aux relevées des données météorologiques sur les instruments au parc d'observation, à la lecture et à l'interprétation d'une carte synoptique de surface, et enfin, à la lecture et l'interprétation d'image satellitaire à l'ordinateur ;

• d'autre part, le pointage horaire et journalier des positions maximales de l'Equateur Météorologique au niveau de la Côte d'Ivoire.

**L'observation des conditions météorologiques

Le stage s'est déroulé en deux phases. La première du 03 mars au 10 août 2007. Cette phase a commencé par la connaissance des instruments de mesure du parc d'observation de Dakar-Yoff et l'enregistrement des données.

Au Parc d'observations météorologiques

Ce parc est assez distancé (environ 30 mètres) du bloc technique et en bordure de la piste d'atterrissage. Il est équipé:

• pour les relevés de précipitations d'un *pluviomètre* (lecture directe) et d'un *pluviographe* (lecture enregistrée) ;

• pour les températures sous abri d'un *thermomètre à maxima* donnant la température maximale journalière (Tx) et d'un *thermomètre à minima* donnant la température minimale journalière (tn). Les thermomètres sec et mouillé constituent le *psychromètre* et donnent les températures sèche et humide desquelles on déduit la tension réelle de vapeur d'eau de l'air (au moins trois observations par jour). Ces thermomètres sont à lecture directe. Le *thermographe* permet d'enregistrer la température de l'air enregistrée sous abri sur diagrammes.

• pour l'humidité relative, d'un *hygrographe* qui réalise un enregistrement hebdomadaire. Les *agrimètres* assurent les enregistrements de la température au sol grâce à plusieurs thermomètres (de 10 cm, 20 cm, 50 cm, 1 m au sol).

La durée de l'insolation journalière est enregistrée par *l'héliographe* (de type campbell-stockes). Le rayonnement solaire global journalier est mesuré par un *pyranomètre thermoélectrique (thermopile)*.

L'évaporation d'eau en surface et la température de l'eau sont enregistrées dans *un bac d'eau* libre. Le bac de notre parc d'observation est en position aérienne sur un lit de chevrons en bois. C'est un *bac Classe A*. L'enregistrement s'effectue chaque jour à 6h et à 18h, heure GMT.

Le lancement journalier d'une sonde ou ballon d'hydrogène (12h ou 16h 00 GMT) et suivi par un *théodolite optique* (**image 9**) pour la mesure de la pression atmosphérique et la vitesse du vent en altitude.

Le parc est également équipé d'un *anémomètre* et d'une *girouette* automatiques pour l'enregistrement respectif de la vitesse et la direction du vent.

Le *baromètre manuel* (mécanique) permet de mesurer la pression en surface. L'observation porte également sur l'état des nuages présents dans le ciel. On peut y observer selon le temps, diverses formes (des *stratiformes, cumuliformes* ou des *cirriformes*). Tous les relevés ont lieu 15 minutes avant l'heure indiquée et transmise chaque heure au service de la Transmission.

N.B. : voir quelques instruments de mesures au parc d'observation de l'ASECNA- aéroport Dakar en Annexes 2

Au Service de cartographie synoptique

Logé au bloc technique, le service est équipé de plusieurs micro-ordinateurs et est scindé en deux grands compartiments :
• au premier compartiment on recueille les données météorologiques informatisées provenant des différentes stations météorologiques du monde et d'Afrique qu'on représente sur les cartes par des symboles météorologiques conventionnels ;
• au deuxième compartiment les cartes sont achevées par des *isoplètes* (isobars, isothermes, isohyètes, Equateur Météorologique, etc.) et affichées au mûr dans un ordre horaire (de 00h à 21h GMT)

Dans cette salle est installé un ordinateur indiquant les images des différents phénomènes météorologiques du temps sur le continent africain.

Bureau d'observation

Abri météorologique

Relevé de températures

Pluviomètre à lecture directe

Pluviographe

Baromètre électronique

Bac classe A

Héliographe Campbell

Suivi d'une sonde avec le Théodolite

Quelques instruments de mesures de données météorologiques au Parc d'observation de Dakar-Yoff

ANNEXE 2a : Les indices de température dans le domaine d'étude de 1951 à 2008

Année	Tengréla	Odienné	Touba
1951	0,4	0,8	0,8
1952	1,6	1,9	2,4
1953	1,4	0,8	0,5
1954	0,8	0,2	-0,3
1955	2,3	0,2	0,2
1956	1,2	-0,1	-0,6
1957	1,4	-0,9	-0,6
1958	-0,2	-0,6	-0,9
1959	0,2	0,5	0,8
1960	-0,8	0,2	0,5
1961	0,0	0,5	1,0
1962	-1,4	-0,6	-0,1
1963	-1,2	-0,6	0,5
1964	-1,2	0,2	-0,1
1965	-0,6	1,0	1,6
1966	0,4	0,5	0,8
1967	0,8	-0,6	-0,3
1968	0,4	-0,6	0,5
1969	-1,0	-1,5	-1,1
1970	-1,0	-1,2	-1,1
1971	-0,4	-0,6	-0,3
1972	-0,4	-1,2	-0,9
1973	0,0	-1,8	-1,1
1974	0,0	-0,6	-1,1
1975	-1,2	-0,6	-1,4
1976	0,2	-0,4	-0,9
1977	1,4	1,0	0,8
1978	-0,4	-0,4	0,2
1979	-1,2	-1,8	-1,4
1980	-0,8	-1,5	-1,4
1981	0,8	0,8	0,8
1982	-1,4	0,2	-0,6
1983	-2,1	-1,5	-1,4
1984	-2,5	-1,2	-1,7
1985	0,0	0,2	-0,6
1986	-0,8	-0,1	-0,6
1987	-0,2	0,5	-0,3
1988	0,6	-0,1	0,5
1989	0,8	0,2	-0,3
1990	-1,0	-0,6	-0,6
1991	1,0	1,3	0,8
1992	0,0	-0,1	0,2
1993	0,4	-0,9	-0,3
1994	-0,6	-1,2	-1,1
1995	1,2	2,2	2,1
1996	0,0	0,8	1,0
1997	-0,8	-0,1	-0,1
1998	0,2	1,0	0,5
1999	-0,4	-0,4	-0,1
2000	0,6	1,0	-0,9
2001	-0,4	-0,4	-0,3
2002	0,0	-0,6	-0,1
2003	0,8	1,3	2,1
2004	1,0	0,8	1,0
2005	2,1	3,0	2,7
2006	-0,4	-0,1	-0,6
2007	0,0	0,8	-0,1
2008	0,6	1,3	1,0

ANNEXE 2b: Les indices pluviométriques du domaine d'étude (1951-2008)

Année	Tengréla	Odienné	Boundiali	Touba	Séguéla	Kasséré	Madinani	Kouto	Borotou	Kani
1951	1,37	1,11	0,97	2,27	1,44	1,17	1,37	2,02	1,49	1,67
1952	0,81	0,66	0,74	1,15	1,94	0,52	1,01	0,98	0,85	2,02
1953	0,68	1,89	0,93	0,51	0,51	0,84	2,21	1,47	1,47	0,74
1954	1,83	2,91	1,01	2,63	0,94	0,06	2,29	2,24	2,50	1,24
1955	0,19	0,36	0,63	1,10	0,27	1,29	1,12	0,76	0,36	0,31
1956	-0,04	-0,32	-0,64	-0,65	-0,27	-0,30	-0,53	-0,42	-0,31	2,98
1957	1,00	1,69	1,29	2,20	2,75	2,93	2,01	1,76	1,62	-0,46
1958	0,95	0,04	-0,84	0,35	-1,04	-1,20	-0,22	0,14	-0,06	-1,10
1959	1,29	0,41	-0,65	1,11	0,28	-0,06	-0,22	0,22	0,39	-0,04
1960	1,67	-0,31	-0,21	-0,82	0,97	2,20	-0,07	1,17	-0,98	0,78
1961	1,35	0,37	-1,10	-1,59	1,19	-0,87	-0,24	-0,15	-0,20	-0,42
1962	0,98	0,62	0,56	-0,23	2,93	1,00	1,02	0,95	0,84	2,33
1963	0,26	1,25	0,16	1,19	-0,94	1,58	1,33	0,21	0,55	0,13
1964	1,43	1,16	0,30	-1,04	-0,34	1,58	1,27	1,67	0,34	0,45
1965	-0,78	0,19	2,09	-0,11	-0,95	1,09	1,62	0,20	-0,31	-0,79
1966	-0,40	0,38	-0,72	0,72	-0,38	1,85	1,18	-0,89	0,66	-0,42
1967	2,44	0,63	0,11	0,32	-0,09	0,35	1,02	1,49	1,26	-1,39
1968	0,21	0,32	1,64	0,64	1,78	0,42	-0,90	0,66	0,22	1,35
1969	1,20	0,33	1,32	-0,22	-0,14	1,97	1,63	1,42	1,51	-0,66
1970	0,22	0,08	1,59	-0,92	-1,11	1,30	-1,70	0,76	-0,18	-1,51
1971	-0,44	1,16	0,89	-1,44	1,36	-0,25	1,46	-0,34	0,78	0,89
1972	-1,62	1,02	2,46	-0,01	-0,87	-1,23	0,72	-1,39	1,83	-2,41
1973	-1,69	-0,62	0,00	-2,05	-0,94	-1,18	-2,39	-1,13	0,26	0,26
1974	-0,95	-1,07	2,85	0,59	-0,34	-0,95	0,24	-0,99	-1,61	-0,77
1975	0,68	-0,17	0,00	1,06	-0,94	-0,11	0,45	-0,70	-0,54	-0,64
1976	0,15	1,39	-1,15	0,18	-0,37	-1,56	0,36	-2,46	-0,64	0,30
1977	-1,02	-0,18	-2,30	0,73	-1,31	-1,65	-1,71	-1,43	-1,06	-3,32
1978	-1,13	0,53	-1,38	0,48	1,77	-1,31	-1,17	-0,50	-0,66	-2,07
1979	-0,18	0,86	0,73	0,92	-0,15	-1,31	-0,03	0,68	0,92	0,36
1980	0,07	-0,40	-0,95	-0,42	-1,13	1,09	-1,29	-0,69	-4,24	1,48
1981	-0,18	-0,15	-1,11	-1,64	-0,02	-0,54	-0,38	-0,47	0,40	0,22
1982	-0,32	0,61	-1,71	-1,17	-0,49	-2,19	-0,15	-0,97	0,79	1,63
1983	-1,87	-2,33	-3,10	-0,59	1,19	0,78	-2,59	-2,68	-1,58	-1,03
1984	0,80	-1,31	-2,06	1,66	0,86	-1,19	-1,54	-0,56	0,78	1,26
1985	-0,78	-1,99	-0,44	1,29	1,33	-0,69	-0,96	0,39	0,45	1,55
1986	-2,13	-2,45	-1,15	-1,00	0,29	-0,47	-2,02	-0,96	-0,12	-0,86
1987	-0,99	-2,70	-1,45	0,90	-1,15	-0,15	-2,09	-0,82	-0,15	0,76
1988	0,16	-1,44	0,21	0,32	-0,50	-1,03	-2,45	0,76	-1,09	0,14
1989	-0,93	-0,79	-0,43	0,32	-1,99	-1,02	-0,20	-0,18	-0,89	0,10
1990	-1,01	-1,81	-1,37	0,16	-1,85	-1,59	-1,72	-1,10	-2,06	-0,57
1991	-1,53	-1,05	-1,24	-1,89	0,91	-1,71	-1,01	-1,26	-2,30	-0,51
1992	-1,48	-2,44	-0,86	-0,69	-2,62	-2,06	-1,75	-0,37	-2,73	0,09
1993	-1,89	-2,09	-1,93	0,36	-1,79	-1,18	-2,03	-1,81	-1,25	-1,71
1994	-1,04	0,20	1,15	-2,72	0,15	0,03	1,55	1,43	-0,12	-2,42
1995	0,84	0,38	-0,14	-0,54	-1,41	-0,60	0,87	0,47	-1,11	-0,06
1996	-0,72	-0,01	-0,89	-2,34	-2,76	-0,48	-0,63	-0,24	-0,34	0,71
1997	-0,60	-0,67	-1,91	-3,10	-1,31	-0,69	-2,09	-1,22	-1,78	-4,36
1998	1,05	0,74	-0,61	-1,21	-2,34	0,94	0,56	0,44	0,00	-5,72
1999	0,88	-2,37	0,29	-4,13	-2,28	0,70	-3,57	0,78	-2,48	-7,10
2000	-1,63	-0,04	-2,03	-1,07	-1,55	-1,30	-2,40	-1,70	-1,50	-2,00
2001	0,94	-0,12	-0,12	-0,97	-0,97	0,94	-0,12	0,94	-0,97	-0,97
2002	-0,47	0,38	0,38	-0,12	-0,12	-0,47	0,38	-0,47	-0,12	-0,12
2003	-0,20	-0,01	-0,01	1,23	1,23	-0,20	-0,01	-0,20	1,23	1,23
2004	0,03	1,18	1,18	0,69	0,69	0,03	1,18	0,03	0,69	0,69
2005	1,08	-0,99	-0,99	-0,28	-0,28	1,08	-0,99	1,08	-0,28	-0,28
2006	0,17	-0,70	-0,70	-0,74	-0,74	0,17	-0,70	0,17	-0,74	-0,74
2007	-0,08	-0,66	-0,66	-0,61	-0,61	-0,08	-0,66	-0,08	-0,61	-0,61
2008	-1,55	1,53	1,53	2,46	1,46	-3,55	1,53	-3,55	2,46	1,46
1951-60	1,63	0,80	0,39	0,84	0,72	0,63	0,84	1,17	0,71	0,70
1961-70	0,71	1,35	0,56	-0,14	0,18	1,14	0,60	0,77	0,76	-0,07
1971-80	-0,77	0,31	0,19	-0,01	-0,26	-0,96	-0,25	-1,07	-0,28	-0,41
1981-90	-0,81	-1,30	-1,29	0,01	-0,14	-1,00	-1,49	-0,69	-0,31	0,36
1991-00	-0,48	-0,64	-0,73	-1,39	-0,96	-0,53	-0,52	-0,28	-1,31	-0,92
2001-08	-1,92	0,33	0,33	0,10	0,10	-1,92	0,33	-1,92	0,10	0,10

N. B : la disposition des stations ou des localités ici est fonction de leur situation géographique (nord-sud/ouest-est)

ANNEXE 3a : Les écarts normalisés de la pluviométrie du domaine d'étude (1)

Année	Tengréla	Odienné	Boundiali	Touba	Séguéla
1951	26,88	18,49	22,87	37,94	31,77
1952	15,79	10,87	17,35	18,35	42,35
1953	13,36	31,59	21,93	8,05	10,86
1954	35,93	47,07	23,87	42,06	20,08
1955	3,56	5,21	14,96	16,24	5,81
1956	-0,72	-4,76	-15,15	-9,55	-5,76
1957	19,43	25,22	30,89	32,57	59,70
1958	18,52	0,52	-19,95	4,83	-20,45
1959	24,93	5,94	-15,52	15,51	5,61
1960	31,89	-4,51	-5,03	-11,43	19,34
1961	24,81	5,53	-26,73	-22,31	23,57
1962	17,59	9,29	13,63	-3,25	57,31
1963	4,58	18,92	3,90	16,70	-15,87
1964	25,74	17,24	7,56	-14,30	-5,87
1965	-13,55	2,75	52,63	-1,52	-16,46
1966	-7,13	5,58	-16,96	10,20	-6,63
1967	43,73	9,38	2,56	4,47	-1,60
1968	3,37	4,76	39,91	9,11	32,09
1969	18,94	4,96	30,95	-3,18	-2,39
1970	3,38	1,23	36,38	-13,34	-19,06
1971	-6,69	17,62	19,47	-21,09	23,57
1972	-25,17	14,89	53,05	-0,18	-14,49
1973	-26,35	-8,79	-0,05	-30,36	-15,87
1974	-14,76	-15,48	53,05	8,29	-5,87
1975	10,66	-2,48	-0,05	15,14	-16,46
1976	2,30	20,75	-15,95	2,58	-6,63
1977	-16,01	-2,54	-32,48	10,45	-23,71
1978	-18,09	7,51	-19,18	6,86	32,09
1979	-2,93	12,05	10,35	13,17	-2,39
1980	1,19	-5,25	-12,80	-5,83	-19,06
1981	-3,09	-2,07	-15,29	-23,42	-0,34
1982	-5,43	8,26	-24,30	-16,51	-8,56
1983	-32,89	-30,22	-44,55	-8,43	21,26
1984	13,87	-16,61	-25,56	24,44	14,44
1985	-13,10	-26,11	-5,35	16,70	21,32
1986	-36,84	-32,14	-14,44	-11,70	4,02
1987	-16,17	-33,35	-18,93	10,99	-15,37
1988	2,69	-15,86	2,84	3,64	-6,88
1989	-16,17	-8,91	-5,68	3,45	-28,29
1990	-18,23	-21,42	-19,09	1,63	-26,67
1991	-28,83	-12,29	-17,87	-18,66	13,26
1992	-27,44	-29,96	-12,95	-7,10	-30,74
1993	-34,02	-19,53	-30,93	3,83	-20,18
1994	-14,96	1,52	16,66	-23,58	1,75
1995	11,85	3,06	-1,60	-4,78	-14,74
1996	-10,66	-0,06	-10,53	-18,90	-32,10
1997	-9,31	-6,40	-25,99	-28,74	-12,91
1998	16,72	8,63	-7,40	-7,23	-28,07
1999	17,27	-14,31	4,92	-19,19	-12,17
2000	-10,47	-5,78	-19,42	-12,61	-4,61
2001	6,80	-0,82	-0,82	-8,56	-8,56
2002	-3,40	2,92	2,92	-1,02	-1,02
2003	-1,58	-0,12	-0,12	11,75	11,75
2004	0,25	10,86	10,86	6,31	6,31
2005	10,90	-7,70	-7,70	-2,64	-2,64
2006	1,33	-6,16	-6,16	-8,71	-8,71
2007	-0,77	-7,42	-7,42	-8,73	-8,73
2008	-13,54	8,43	8,43	11,61	11,61

(1) Stations principales

N. B : la disposition des stations ou des localités ici est fonction de leur situation géographique (nord-sud/ouest-est)

ANNEXE 3b : Les écarts normalisés de la pluviométrie du domaine d'étude (2)

Année	Kasséré	Madinani	Kouto	Borotou	Kani
1951	24,78	23,98	32,50	24,45	30,11
1952	10,96	17,59	15,22	13,85	35,73
1953	17,84	38,35	22,88	23,92	12,67
1954	1,36	37,84	34,23	40,09	21,30
1955	27,72	17,51	11,02	5,44	5,25
1956	-6,34	-8,23	-6,07	-4,70	50,94
1957	63,01	31,44	25,82	24,71	-6,98
1958	-23,20	-3,23	1,93	-0,91	-16,90
1959	-1,23	-3,28	3,16	5,86	-0,68
1960	42,84	-1,03	17,02	-14,91	12,24
1961	-15,96	-3,64	-2,13	-3,08	-6,57
1962	18,40	15,98	13,76	12,93	36,87
1963	28,83	20,63	3,06	8,55	1,83
1964	27,91	19,22	24,18	5,21	6,59
1965	18,55	24,00	2,75	-4,87	-11,74
1966	30,97	16,69	-12,52	10,39	-6,27
1967	5,39	13,97	21,13	20,03	-21,13
1968	6,57	-12,01	8,96	3,35	20,49
1969	30,92	22,23	19,10	23,70	-9,80
1970	18,40	-21,52	9,75	-2,67	-22,56
1971	-3,30	18,50	-4,34	11,98	13,18
1972	-16,66	8,49	-17,87	27,68	-35,51
1973	-16,27	-27,52	-14,64	3,66	3,53
1974	-13,27	2,64	-13,03	-22,47	-10,72
1975	-1,54	5,01	-9,29	-7,48	-9,12
1976	-22,45	3,98	-33,52	-9,15	4,38
1977	-23,99	-18,47	-18,29	-15,37	-48,42
1978	-19,03	-12,78	-6,42	-9,69	-23,53
1979	-19,39	-0,39	8,84	13,87	3,81
1980	16,30	-14,50	-8,90	-62,14	16,06
1981	-7,59	-4,41	-6,29	3,30	2,32
1982	-31,75	-1,76	-13,30	6,46	17,17
1983	10,83	-30,59	-37,47	-12,27	-9,94
1984	-15,99	-17,21	-6,72	6,18	12,40
1985	-9,49	-10,95	4,83	3,29	14,39
1986	-6,74	-23,80	-11,94	-0,82	-6,96
1987	-2,16	-24,07	-10,51	-1,03	6,41
1988	-15,53	-27,14	9,95	-7,39	1,15
1989	-16,00	-1,93	-2,29	-6,25	0,77
1990	-26,19	-17,51	-15,06	-14,98	-4,63
1991	-28,09	-10,16	-17,63	-17,22	-4,29
1992	-32,69	-18,30	-5,14	-20,37	0,78
1993	-15,67	-19,84	-26,86	-8,18	-15,05
1994	0,39	11,67	16,92	-0,83	-22,18
1995	-8,76	5,05	4,92	-7,78	-0,43
1996	-7,65	-3,08	-2,75	-2,68	5,56
1997	-12,17	-11,84	-15,99	-14,53	-15,27
1998	17,64	1,84	5,00	-0,04	-10,96
1999	15,49	-3,10	12,34	-18,73	-8,91
2000	-15,89	-4,32	-10,02	-8,03	-7,13
2001	6,80	-0,82	6,80	-8,56	-8,56
2002	-3,40	2,92	-3,40	-1,02	-1,02
2003	-1,58	-0,12	-1,58	11,75	11,75
2004	0,25	10,86	0,25	6,31	6,31
2005	10,90	-7,70	10,90	-2,64	-2,64
2006	1,33	-6,16	1,33	-8,71	-8,71
2007	-0,77	-7,42	-0,77	-8,73	-8,73
2008	-13,54	8,43	-13,54	11,61	11,61

(2) Stations intermédiaires

N. B : la disposition des stations ou des localités ici est fonction de leur situation géographique (nord-sud/ouest-est)

ANNEXE 4a : Les moyennes mobiles des écarts normalisés de la pluviométrie du domaine d'étude (1)

Année	Tengréla	Odienné	Boundiali	Touba	Séguéla
1951					
1952					
1953	19,10	22,65	20,20	24,53	22,18
1954	13,58	18,00	12,59	15,03	14,67
1955	14,31	20,87	15,30	17,87	18,14
1956	15,34	14,65	6,92	17,23	11,88
1957	13,14	6,43	-0,95	11,92	8,98
1958	18,81	4,48	-4,95	6,39	11,69
1959	23,92	6,54	-7,27	3,84	17,55
1960	23,55	3,35	-10,72	-3,33	17,08
1961	20,76	7,03	-5,95	-0,96	17,99
1962	20,92	9,29	-1,33	-6,92	15,70
1963	11,83	10,74	10,20	-4,94	8,54
1964	5,45	10,76	12,15	1,56	2,50
1965	10,67	10,77	9,94	3,11	-9,29
1966	10,43	7,94	17,14	1,59	0,31
1967	9,07	5,48	21,82	3,82	1,00
1968	12,46	5,18	18,57	1,45	0,48
1969	12,55	7,59	25,85	-4,81	6,52
1970	-1,23	8,69	35,95	-5,74	3,94
1971	-7,18	5,98	27,96	-13,63	-5,65
1972	-13,92	1,89	32,38	-11,34	-6,34
1973	-12,46	1,15	25,10	-5,64	-5,82
1974	-10,66	1,78	18,01	-0,91	-11,86
1975	-8,83	-1,71	0,91	1,22	-13,71
1976	-7,18	1,55	-2,92	8,66	-4,12
1977	-4,81	7,06	-11,46	9,64	-3,42
1978	-6,71	6,50	-14,01	5,45	-3,94
1979	-7,78	1,94	-13,88	0,25	-2,68
1980	-5,67	4,10	-12,25	-5,14	0,35
1981	-8,63	-3,45	-17,32	-8,20	-1,82
1982	-5,27	-9,18	-24,50	-5,95	1,55
1983	-8,13	-13,35	-23,01	-1,44	9,62
1984	-14,88	-19,36	-22,84	0,90	10,49
1985	-17,02	-27,69	-21,76	6,40	9,13
1986	-9,91	-24,81	-12,29	8,81	3,50
1987	-15,92	-23,27	-8,31	4,62	-5,04
1988	-16,94	-22,34	-11,06	1,60	-14,64
1989	-15,34	-18,37	-11,75	0,21	-12,79
1990	-17,60	-17,69	-10,55	-3,41	-15,86
1991	-24,94	-18,42	-17,30	-3,37	-18,52
1992	-24,69	-16,34	-12,84	-8,78	-12,52
1993	-18,68	-11,44	-9,34	-10,06	-10,13
1994	-15,04	-9,00	-7,87	-10,11	-19,20
1995	-11,42	-4,28	-10,48	-14,43	-15,64
1996	-1,27	1,35	-5,77	-16,65	-17,22
1997	5,17	-1,81	-8,12	-15,77	-20,00
1998	0,71	-3,58	-11,68	-17,33	-17,97
1999	4,20	-3,73	-9,74	-15,26	-13,26
2000	5,38	-1,87	-3,96	-9,72	-10,89
2001	1,72	-3,62	-2,51	-5,92	-2,92
2002	-1,68	1,41	-1,32	-0,83	0,77
2003	2,59	1,03	1,03	1,17	1,17
2004	1,50	-0,04	-0,04	1,14	1,14
2005	2,03	-2,11	-2,11	-0,41	-0,41
2006	-0,36	-0,40	-0,40	-0,44	-0,44
2007					
2008					

(1) Stations principales

N. B : la disposition des stations ou des localités ici est fonction de leur situation géographique (nord-sud/ouest-est)

ANNEXE 4b: Les moyennes mobiles des écarts normalisés de la pluviométrie du domaine d'étude (2)

Année	Kasséré	Madinani	Kouto	Borotou	Kani
1951					
1952					
1953	16,53	27,06	23,17	21,55	21,01
1954	10,31	20,61	15,46	15,72	25,18
1955	20,72	23,38	17,57	17,89	16,64
1956	12,51	15,07	13,39	12,93	10,72
1957	11,99	6,84	7,17	6,08	6,33
1958	15,02	3,14	8,37	2,01	7,72
1959	13,09	4,05	9,16	2,33	-3,78
1960	4,17	0,96	6,75	-0,02	4,99
1961	14,58	5,73	6,97	1,87	8,74
1962	20,40	10,23	11,18	1,74	10,19
1963	15,55	15,24	8,32	3,75	5,39
1964	24,93	19,30	6,25	6,44	5,45
1965	22,33	18,90	7,72	7,86	-6,15
1966	17,88	12,37	8,90	6,82	-2,41
1967	18,48	12,98	7,88	10,52	-5,69
1968	18,45	3,87	9,28	10,96	-7,85
1969	11,60	4,23	10,92	11,28	-3,96
1970	7,19	3,14	3,12	12,81	-6,84
1971	2,62	0,04	-1,60	12,87	-10,23
1972	-6,22	-3,88	-8,03	3,63	-10,42
1973	-10,21	1,42	-11,84	2,67	-7,73
1974	-14,04	-1,48	-17,67	-1,55	-9,49
1975	-15,50	-6,87	-17,76	-10,16	-12,07
1976	-16,06	-3,92	-16,11	-12,83	-17,48
1977	-17,28	-4,53	-11,74	-5,56	-14,58
1978	-13,71	-8,43	-11,66	-16,50	-9,54
1979	-10,74	-10,11	-6,21	-14,01	-9,95
1980	-12,29	-6,77	-5,21	-9,64	3,16
1981	-6,32	-10,33	-11,42	-10,16	5,88
1982	-5,64	-13,69	-14,53	-11,69	7,60
1983	-10,80	-12,99	-11,79	1,39	7,27
1984	-10,63	-16,86	-12,92	0,57	5,41
1985	-4,71	-21,32	-12,36	-0,93	3,26
1986	-9,98	-20,63	-2,88	0,05	5,48
1987	-9,98	-17,58	-1,99	-2,44	3,15
1988	-13,33	-18,89	-5,97	-6,09	-0,65
1989	-17,60	-16,16	-7,11	-9,37	-0,12
1990	-23,70	-15,01	-6,04	-13,24	-1,24
1991	-23,73	-13,55	-13,40	-13,40	-4,48
1992	-20,45	-10,83	-9,56	-12,32	-9,07
1993	-16,96	-6,32	-5,56	-10,88	-8,23
1994	-12,87	-4,90	-2,58	-7,97	-6,26
1995	-8,77	-3,61	-4,75	-6,80	-9,48
1996	-2,11	0,73	1,62	-5,17	-8,66
1997	0,91	-2,23	0,70	-8,75	-6,00
1998	-0,52	-4,10	-2,28	-8,80	-7,34
1999	2,37	-3,65	-0,37	-9,98	-10,17
2000	4,13	-0,70	2,14	-7,28	-7,31
2001	0,28	-1,09	0,83	-4,92	-2,77
2002	-2,77	1,70	-1,59	0,09	0,27
2003	2,59	1,03	2,59	1,17	1,17
2004	1,50	-0,04	1,50	1,14	1,14
2005	2,03	-2,11	2,03	-0,41	-0,41
2006	-0,36	-0,40	-0,36	-0,44	-0,44
2007					
2008					

(2) Stations intermédiaires

N. B : la disposition des stations ou des localités ici est fonction de leur situation géographique (nord-sud/ouest-est)

ANNEXE 5a : Les quintiles pluviométriques du domaine d'étude (1)

Année	Tengréla	Odienné	Boundiali	Touba	Séguéla
1951	26,88	18,49	22,87	37,94	31,77
1952	15,79	10,87	17,35	18,35	42,35
1953	13,36	31,59	21,93	8,05	10,86
1954	35,93	47,07	23,87	42,06	20,08
1955	3,56	5,21	14,96	16,24	5,81
1956	-0,72	-4,76	-15,15	-9,55	-5,76
1957	19,43	25,22	30,89	32,57	59,70
1958	18,52	0,52	-19,95	4,83	-20,45
1959	24,93	5,94	-15,52	15,51	5,61
1960	31,89	-4,51	-5,03	-11,43	19,34
1961	24,81	5,53	-26,73	-22,31	23,57
1962	17,59	9,29	13,63	-3,25	57,31
1963	4,58	18,92	3,90	16,70	-15,87
1964	25,74	17,24	7,56	-14,30	-5,87
1965	-13,55	2,75	52,63	-1,52	-16,46
1966	-7,13	5,58	-16,96	10,20	-6,63
1967	43,73	9,38	2,56	4,47	-1,60
1968	3,37	4,76	39,91	9,11	32,09
1969	18,94	4,96	30,95	-3,18	-2,39
1970	3,38	1,23	36,38	-13,34	-19,06
1971	-6,69	17,62	19,47	-21,09	23,57
1972	-25,17	14,89	53,05	-0,18	-14,49
1973	-26,35	-8,79	-0,05	-30,36	-15,87
1974	-14,76	-15,48	53,05	8,29	-5,87
1975	10,66	-2,48	-0,05	15,14	-16,46
1976	2,30	20,75	-15,95	2,58	-6,63
1977	-16,01	-2,54	-32,48	10,45	-23,71
1978	-18,09	7,51	-19,18	6,86	32,09
1979	-2,93	12,05	10,35	13,17	-2,39
1980	1,19	-5,25	-12,80	-5,83	-19,06
1981	-3,09	-2,07	-15,29	-23,42	-0,34
1982	-5,43	8,26	-24,30	-16,51	-8,56
1983	-32,89	-30,22	-44,55	-8,43	21,26
1984	13,87	-16,61	-25,56	24,44	14,44
1985	-13,10	-26,11	-5,35	16,70	21,32
1986	-36,84	-32,14	-14,44	-11,70	4,02
1987	-16,17	-33,35	-18,93	10,99	-15,37
1988	2,69	-15,86	2,84	3,64	-6,88
1989	-16,17	-8,91	-5,68	3,45	-28,29
1990	-18,23	-21,42	-19,09	1,63	-26,67
1991	-28,83	-12,29	-17,87	-18,66	13,26
1992	-27,44	-29,96	-12,95	-7,10	-30,74
1993	-34,02	-19,53	-30,93	3,83	-20,18
1994	-14,96	1,52	16,66	-23,58	1,75
1995	11,85	3,06	-1,60	-4,78	-14,74
1996	-10,66	-0,06	-10,53	-18,90	-32,10
1997	-9,31	-6,40	-25,99	-28,74	-12,91
1998	16,72	8,63	-7,40	-7,23	-28,07
1999	17,27	-14,31	4,92	-19,19	-12,17
2000	-10,47	-5,78	-19,42	-12,61	-4,61
2001	6,80	-0,82	-0,82	-8,56	-8,56
2002	-3,40	2,92	2,92	-1,02	-1,02
2003	-1,58	-0,12	-0,12	11,75	11,75
2004	0,25	10,86	10,86	6,31	6,31
2005	10,90	-7,70	-7,70	-2,64	-2,64
2006	1,33	-6,16	-6,16	-8,71	-8,71
2007	-0,77	-7,42	-7,42	-8,73	-8,73
2008	-13,54	8,43	8,43	11,61	11,61

(1) Stations principales

N. B : la disposition des stations ou des localités ici est fonction de leur situation géographique (nord-sud/ouest-est)

ANNEXE 5b : Les quintiles pluviométriques du domaine d'étude (2)

Année	Kasséré	Madinani	Kouto	Borotou	Kani
1951	24,78	23,98	32,50	24,45	30,11
1952	10,96	17,59	15,22	13,85	35,73
1953	17,84	38,35	22,88	23,92	12,67
1954	1,36	37,84	34,23	40,09	21,30
1955	27,72	17,51	11,02	5,44	5,25
1956	-6,34	-8,23	-6,07	-4,70	50,94
1957	63,01	31,44	25,82	24,71	-6,98
1958	-23,20	-3,23	1,93	-0,91	-16,90
1959	-1,23	-3,28	3,16	5,86	-0,68
1960	42,84	-1,03	17,02	-14,91	12,24
1961	-15,96	-3,64	-2,13	-3,08	-6,57
1962	18,40	15,98	13,76	12,93	36,87
1963	28,83	20,63	3,06	8,55	1,83
1964	27,91	19,22	24,18	5,21	6,59
1965	18,55	24,00	2,75	-4,87	-11,74
1966	30,97	16,69	-12,52	10,39	-6,27
1967	5,39	13,97	21,13	20,03	-21,13
1968	6,57	-12,01	8,96	3,35	20,49
1969	30,92	22,23	19,10	23,70	-9,80
1970	18,40	-21,52	9,75	-2,67	-22,56
1971	-3,30	18,50	-4,34	11,98	13,18
1972	-16,66	8,49	-17,87	27,68	-35,51
1973	-16,27	-27,52	-14,64	3,66	3,53
1974	-13,27	2,64	-13,03	-22,47	-10,72
1975	-1,54	5,01	-9,29	-7,48	-9,12
1976	-22,45	3,98	-33,52	-9,15	4,38
1977	-23,99	-18,47	-18,29	-15,37	-48,42
1978	-19,03	-12,78	-6,42	-9,69	-23,53
1979	-19,39	-0,39	8,84	13,87	3,81
1980	16,30	-14,50	-8,90	-62,14	16,06
1981	-7,59	-4,41	-6,29	3,30	2,32
1982	-31,75	-1,76	-13,30	6,46	17,17
1983	10,83	-30,59	-37,47	-12,27	-9,94
1984	-15,99	-17,21	-6,72	6,18	12,40
1985	-9,49	-10,95	4,83	3,29	14,39
1986	-6,74	-23,80	-11,94	-0,82	-6,96
1987	-2,16	-24,07	-10,51	-1,03	6,41
1988	-15,53	-27,14	9,95	-7,39	1,15
1989	-16,00	-1,93	-2,29	-6,25	0,77
1990	-26,19	-17,51	-15,06	-14,98	-4,63
1991	-28,09	-10,16	-17,63	-17,22	-4,29
1992	-32,69	-18,30	-5,14	-20,37	0,78
1993	-15,67	-19,84	-26,86	-8,18	-15,05
1994	0,39	11,67	16,92	-0,83	-22,18
1995	-8,76	5,05	4,92	-7,78	-0,43
1996	-7,65	-3,08	-2,75	-2,68	5,56
1997	-12,17	-11,84	-15,99	-14,53	-15,27
1998	17,64	1,84	5,00	-0,04	-10,96
1999	15,49	-3,10	12,34	-18,73	-8,91
2000	-15,89	-4,32	-10,02	-8,03	-7,13
2001	6,80	-0,82	6,80	-8,56	-8,56
2002	-3,40	2,92	-3,40	-1,02	-1,02
2003	-1,58	-0,12	-1,58	11,75	11,75
2004	0,25	10,86	0,25	6,31	6,31
2005	10,90	-7,70	10,90	-2,64	-2,64
2006	1,33	-6,16	1,33	-8,71	-8,71
2007	-0,77	-7,42	-0,77	-8,73	-8,73
2008	-13,54	8,43	-13,54	11,61	11,61

(2) Stations intermédiaires

N. B : la disposition des stations ou des localités ici est fonction de leur situation géographique (nord-sud/ouest-est)

ANNEXE 6a : Résumé de la segmentation de Hubert appliquée à la chronique 1951-2008 des stations du domaine d'étude

Catégorie		Caractéristiques du segment			
	Station	début	fin	moyenne	écart-type
Deux (2) Segments	Tengréla	1951	1970	1430,79	182,19
		1971	2008	1083,89	177,84
	Kasséré	1951	1970	1386,29	239,95
		1971	2008	1045,35	147,68
	Touba	1951	1959	1503,50	211,82
		1960	2008	1233,57	170,45
	Séguéla	1951	1962	1456,17	290,71
		1963	2008	1158,29	203,54
	Kani	1951	1956	1625,53	213,10
		1957	2008	1255,06	187,31
Plusieurs Segments	Kouto (3)	1951	1970	1498,25	168,50
		1971	2000	1225,12	168,77
		2001	2008	986,55	71,21
	Boundiali (3)	1951	1967	1608,74	320,81
		1968	1974	2010,28	285,08
		1975	2008	1375,93	226,05
	Madinani (4)	1951	1955	1834,04	150,35
		1956	1976	1527,59	223,62
		1977	1993	1227,99	131,31
		1994	2008	1521,40	135,41
	Odienné (4)	1951	1954	1889,69	236,27
		1955	1982	1568,45	142,05
		1983	1993	1154,55	125,92
		1994	2008	1532,49	129,41
	Borotou (4)	1951	1954	1775,05	153,14
		1955	1979	1459,88	185,43
		1980	1980	535,10	0,00
		1981	2008	1323,40	114,74

*N.B :- date en **gras** = début d'une nouvelle ère pluviométrique / date de rupture.*
- date en rouge = début de la cessation véritable entre deux grandes ères pluviométriques.
- dans les stations à deux segments, ces deux dates sont la même.

Tengréla

Hypothèse nulle (absence de rupture) rejetée au seuil de confiance à 99 %.
Hypothèse nulle (absence de rupture) rejetée au seuil de confiance à 95 %.
Hypothèse nulle (absence de rupture) rejetée au seuil de confiance à 90 %.

Probabilité de dépassement de la valeur critique du test : 9,78E-06 en 1970

Kasséré

Hypothèse nulle (absence de rupture) rejetée au seuil de confiance à 99 %.
Hypothèse nulle (absence de rupture) rejetée au seuil de confiance à 95 %.
Hypothèse nulle (absence de rupture) rejetée au seuil de confiance à 90 %.

Probabilité de dépassement de la valeur critique du test : 2,70E-05 en 1971

Kouto

Hypothèse nulle (absence de rupture) rejetée au seuil de confiance à 99 %.
Hypothèse nulle (absence de rupture) rejetée au seuil de confiance à 95 %.
Hypothèse nulle (absence de rupture) rejetée au seuil de confiance à 90 %.

Probabilité de dépassement de la valeur critique du test : 2,33E-05 en 1971

Boundiali

Hypothèse nulle (absence de rupture) rejetée au seuil de confiance à 99 %.
Hypothèse nulle (absence de rupture) rejetée au seuil de confiance à 95 %.
Hypothèse nulle (absence de rupture) rejetée au seuil de confiance à 90 %.

Probabilité de dépassement de la valeur critique du test : 2,59E-03 en 1975

Madinani

Hypothèse nulle (absence de rupture) rejetée au seuil de confiance à 99 %.
Hypothèse nulle (absence de rupture) rejetée au seuil de confiance à 95 %.
Hypothèse nulle (absence de rupture) rejetée au seuil de confiance à 90 %.

Odienné

Hypothèse nulle (absence de rupture) rejetée au seuil de confiance à 99 %.
Hypothèse nulle (absence de rupture) rejetée au seuil de confiance à 95 %.
Hypothèse nulle (absence de rupture) rejetée au seuil de confiance à 90 %.

Probabilité de dépassement de la valeur critique du test : 2,18E-03 en 1979

(1)Stations Zone nord-soudanienne

N. B : la disposition des stations ou des localités ici est fonction de leur situation géographique (nord-sud)

Borotou

Hypothèse nulle (absence de rupture) rejetée au seuil de confiance à 99 %.
Hypothèse nulle (absence de rupture) rejetée au seuil de confiance à 95 %.
Hypothèse nulle (absence de rupture) rejetée au seuil de confiance à 90 %.

Probabilité de dépassement de la valeur critique du test : 6,43E-05 en 1973

Kani

Hypothèse nulle (absence de rupture) acceptée au seuil de confiance à 99 %.
Hypothèse nulle (absence de rupture) acceptée au seuil de confiance à 95 %.
Hypothèse nulle (absence de rupture) acceptée au seuil de confiance à 90 %.

Touba

Hypothèse nulle (absence de rupture) acceptée au seuil de confiance à 99 %.
Hypothèse nulle (absence de rupture) acceptée au seuil de confiance à 95 %.
Hypothèse nulle (absence de rupture) acceptée au seuil de confiance à 90 %.

Séguéla

Hypothèse nulle (absence de rupture) acceptée au seuil de confiance à 99 %.
Hypothèse nulle (absence de rupture) acceptée au seuil de confiance à 95 %.
Hypothèse nulle (absence de rupture) rejetée au seuil de confiance à 90 %.

Probabilité de dépassement de la valeur critique du test : 8,54E-02 en 1962.

(2)Stations Zone sud-soudanienne

N. B : la disposition des stations ou des localités ici est fonction de leur situation géographique (nord-sud)

ANNEXE 7 : Les indices de sécheresse du bilan de l'eau du domaine d'étude

Stations principales

Périodes	Tengréla	Odienné	Boundiali	Touba	Séguéla
1951-1960	0,75	0,88	0,84	0,88	0,85
1961-1970	0,71	0,85	0,90	0,85	0,87
1971-1980	0,68	0,91	0,84	0,87	0,85
1981-1990	0,66	0,73	0,76	0,91	0,87
1991-2000	0,70	0,84	0,83	0,81	0,76
2001-2008	0,73	0,74	0,74	0,74	0,74
Moyenne	**0,71**	**0,82**	**0,82**	**0,85**	**0,82**

Stations secondaires

Périodes	Kasséré	Madinani	Kouto	Borotou	Kani
1951-1960	0,87	0,94	0,90	0,96	0,98
1961-1970	0,88	0,93	0,88	0,92	0,84
1971-1980	0,66	0,85	0,78	0,80	0,78
1981-1990	0,66	0,74	0,80	0,84	0,88
1991-2000	0,69	0,83	0,74	0,77	0,74
2001-2008	0,73	0,74	0,73	0,74	0,74
Moyenne	**0,75**	**0,84**	**0,80**	**0,84**	**0,83**

N. B : la disposition des stations ou des localités ici est fonction de leur situation géographique (nord-sud/ouest-est)

ANNEXE 8 : Les écarts des indices de Sécheresse du bilan de l'eau (1951-2008) du domaine

Stations principales

Périodes	Tengréla	Odienné	Boundiali	Touba	Séguéla
1951-1960	0,05	0,06	0,02	0,04	0,03
1961-1970	0,01	0,02	0,08	0,01	0,05
1971-1980	-0,03	0,08	0,03	0,03	0,03
1981-1990	-0,04	-0,10	-0,06	0,07	0,04
1991-2000	0,00	0,02	0,01	-0,04	-0,06
2001-2008	0,02	-0,08	-0,08	-0,10	-0,08

Stations secondaires

Périodes	Kasséré	Madinani	Kouto	Borotou	Kani
1951-1960	0,16	0,20	0,06	0,10	0,09
1961-1970	0,18	0,19	0,04	0,07	-0,02
1971-1980	-0,08	-0,10	0,03	-0,05	-0,08
1981-1990	-0,08	-0,18	0,06	-0,01	0,01
1991-2000	-0,05	-0,11	-0,10	-0,07	0,00
2001-2008	-0,13	0,00	-0,11	-0,05	0,00

N. B : la disposition des stations ou des localités ici est fonction de leur situation géographique (nord-sud/ouest-est)

S/Thème II : Effets de la variabilité du Climat sur les économies et les hommes

La variabilité du Climat apparaît comme un phénomène de la nature. Mais un phénomène naturel dont l'origine est beaucoup plus anthropique. En effet, l'homme par ses immenses capacités de modifier le naturel provoque des processus susceptibles de générer des problèmes dont il peut souffrir.

A- Sur les activités économiques

1- Agriculture
Identification du paysan
nom : ....
âge : 20-35 ☐ 35-45 ☐ 45-60 ☐ 60 + ☐
ville/village : ....
autochtone ☐ allogène ☐ étranger ☐

1- Quel type d'agriculture pratiquez-vous ?
manuelle ☐
attelée ☐
motorisée ☐

2- Quel type de culture pratiquez-vous ?
vivrier : riz ☐ igname ☐ maïs ☐ mil ☐ fonio ☐ etc. ☐
industriel : coton ☐ anacarde ☐ soja ☐ tabac ☐ mangue ☐
autre (s) : ___ précisez : ....

3- Estimation des quantités de production
1950-1970 [ ] 1990-2000 [ ]
1970-1990 [ ] depuis 2000 [ ]

4- Constat sur l'évolution des quantités de production selon les années ?
a- une augmentation dans le temps ☐
b- une chute dans le temps ☐
c- une variabilité dans le temps ☐

5- Comment peut-on expliquer cette évolution des quantités ?
a- sécheresses ☐
b- insuffisances des pluies ☐
c- appauvrissement des sols ☐
d- feux de brousse ☐
e- manque de main d'œuvre ☐
f- insuffisance de main d'œuvre ☐
g- utilisation d'engrais ☐
h- autre(s) / précisez ....

6- Pensez-vous que les quantités de pluie diminuent au fil du temps ?
oui ☐   non ☐

Justifiez votre réponse en 3 lignes
....
....
....

7- L'homme est-il à votre avis à la base de cette rareté ?
oui ☐   non ☐

Justifiez votre réponse en 3 lignes
....
....

8- Que préconisez-vous pour un environnement harmonieux dans cette région ?

a- lutter contre les actions humaines ☐
b- lutter pour modérer les pratiques humaines ☐
c- interdire les feux de brousse ☐
d- encourager le reboisement ☐
e- associer les populations locales à la brigade des espaces protégés ☐
f- créer des barrages et lacs ☐
g- autre (s) / précisez ☐

ANNEXE 9a : Quelques prises de vue du terrain d'enquête (1).

Au sud du domaine un ensemble préforestier (Touba)

Au centre du domaine, un ensemble boisé (Odienné)   Au nord du domaine, un ensemble arboré

Des populations très dynamiques

Des productions agricoles variées (maïs, igname, arachide, etc.) (1)

ANNEXE 9b : Quelques prises de vue du terrain d'enquête (2).

Des productions agricoles variées (maïs, igname, arachide, etc.) (2)

Des actions anthropiques nuisibles à l'environnement

ANNEXE 9c: Quelques prises de vue du terrain d'enquête (3).

Perte et disparition de grandes espèces

Tarissement de cours d'eau : *Gnangbè* à Ourossaniso

Des difficultés du terrain d'étude

ANNEXE 10 : Instituts et Structures collaborants

Laboratoire de Climatologie et
d'Enseignement / UCAD-**Dakar**

Laboratoire d'Enseignement
et de Recherche en Géomatique-
UCAD-**Dakar**

Centre de Suivi Ecologique
Dakar

Centre National de Recherche
Agronomique-
Abidjan

Conseil pour le
Développement de la Recherche
en Sciences Sociales en Afrique-
Dakar

Agence pour la Sécurité de la
Navigation Aérienne en Afrique et à
Madagascar-
Dakar

Société pour le Développement et
l'Exploitation Aéroportuaire,
Aéronautique et Maritime-
Abidjan

Société de Développement
des Forêts-
Abidjan

LISTE DES FIGURES

Figure 1 : Schéma du géosystème selon Y. Veyret, 1995 13
Figure 2 : Notre positionnement de la géographie 15
Figure 3 : Carte des 109 stations d'observations en Côte d'Ivoire 17
Figure 4 : Situation géographique de la Côte d'Ivoire 29
Figure 5 : Les domaines écologiques de la Côte d'Ivoire 29
Figure 6 : Situation géographique du domaine d'étude 30
Figure 7 : Types de modelés dans les régions nord-ouest ivoiriennes 37
Figure 8 : Types de sols dans les régions nord-ouest ivoiriennes 39
Figure 9 : Réseau hydrographique des régions nord-ouest ivoiriennes 42
Figure 10 : Positions moyennes mensuelles de l'Equateur Météorologique par rapport à la
Côte d'Ivoire 46
Figure 11 : Positions de l'Equateur Météorologique en janvier (A) et en août (B) par rapport à
la Côte d'Ivoire 48
Figure 12 : Formes de pluie dans les régions nord-ouest ivoiriennes 50
Figure 13 : Déplacement d'une ligne de grains 51
Figure 14 : Climats soudaniens dans les régions nord-ouest ivoiriennes 53
Figure 15 : Haute savane préforestière dans la région de Touba 56
Figure 16 : Forêt sèche dans la région de Boundiali 58
Figure 17 : Secteurs écologiques des régions nord-ouest ivoiriennes 60
Figure 18 : Peuplement de la Côte d'Ivoire du XVI au XIXième siècle 63
Figure 19 : Evolution de la population des régions nord-ouest ivoiriennes de 1975 à 2009. ... 65
Figure 20 : Structure par tranche d'âge de la population des régions nord-ouest ivoiriennes . 66
Figure 21 : Répartition géographique de la population des régions nord-ouest ivoiriennes 68
Figure 22 : Types d'exploitation traditionnelle en terroir malinké 71
Figure 23 : Occupation des terres dans les régions nord-ouest ivoiriennes 74
Figure 24 : Carte agricole et minière des régions nord-ouest ivoiriennes 75
Figure 25 : Répartition mensuelle de la pluviométrie en 1951 et en 1995 dans les régions
nord-ouest ivoiriennes 87
Figure 26 : Cartes des Isohyètes de 1951 à 2008 dans les régions nord-ouest ivoiriennes 90
Figure 27 : Variabilité interannuelle de la pluviométrie dans la zone nord-soudanienne du
domaine d'étude (1951-2008) 95
Figure 28 : Variabilité interannuelle de la pluviométrie dans la zone sud-soudanienne du
domaine d'étude (1951-2008) 96
Figure 28 : Variabilité interannuelle de la pluviométrie dans la zone sud-soudanienne du
domaine d'étude (1951-2008) 96
Figure 29 : Variabilité interdécennale de la pluviométrie dans la zone nord-soudanienne du
domaine d'étude (1951-2008) 100
Figure 30 : Variabilité interdécennale de la pluviométrie dans la zone sud-soudanienne du
domaine d'étude (1951-2008) 101
Figure 31 : Variabilité interdécennale de la pluviométrie dans le domaine d'étude (1951-2008)
.... 101
Figure 32 : Evolution des totaux pluviométriques 1951-1972 et 1973-2008 dans les régions
nord-ouest ivoiriennes 105
Figure 33 : Ecarts normalisés de la pluviométrie dans la zone nord-soudanienne du domaine
(1951-2008) 107
Figure 34 : Ecarts normalisés de la pluviométrie dans la zone sud-soudanienne du domaine
d'étude (1951-2008) 108
Figure 35 : Quintiles pluviométriques dans le domaine d'étude (1951-2008) 113

Figure 36 : Rupture dans l'évolution pluviométrique 1951-2008 selon le test de Pettitt dans la zone nord-soudanienne 119

Figure 37 : Rupture dans l'évolution pluviométrique 1951-2008 selon le test de Pettitt dans la zone sud-soudanienne 120

Figure 38 : Schéma de la rupture dans l'évolution pluviométrique selon le test de Pettitt dans le domaine d'étude 121

Figure 39 : Evolution interannuelle de la température selon les indices de Nicholson dans le domaine (1951-2008) 124

Figure 40 : Evolution interannuelle de la température selon les indices de Nicholson dans le domaine (1951-2008) 126

Figure 41 : Evolution spatio-temporelle de la sécheresse dans les régions nord-ouest ivoiriennes (1951-2008) 131

Figure 42 : Evolution du bilan climatique à partir des écarts des indices de sécheresse dans la zone nord-soudanienne du domaine d'étude (1951-2008) 134

Figure 43 : Evolution du bilan climatique selon les écarts des indices de sécheresse dans la zone sud-soudanienne du domaine d'étude (1951-2008) 135

Figure 44 : Evolution du bilan climatique selon les écarts des indices de sécheresse dans le domaine d'étude (1951-2008) 135

LISTE DES PHOTOS

Photo 1 : Montagne et colline dans les régions nord-ouest ivoiriennes 36
Photo 2 : Le petit jardin de ménage de la vieille Madiana derrière sa case à Ourossaniso 71
Photo 3 : Allaitement d'un veau dans un troupeau familial à Madinani 77
Photo 4 : Chasseurs de retour à Morifingso /Koro 80
Photo 5 : Faible écoulement de la *Boa* au niveau de Blamadougou / Booko 141
Photo 6 : Tarissement d'un étang sur la parcelle d'or à Zanikan / Tengréla) 142
Photo 7 : Espace cuirassé dans la cour du commissariat de police de Tengréla 143
Photo 8 : Destruction des sols par l'exploitation artisanale de diamant à Diarabana 143
Photo 9 : Plusieurs espèces végétales en voie de disparition dans la région de Touba 145
Photo 10 : Recherche de bois de chauffe à Niamotou s/p Borotou 146
Photo 11 : Parcelle de maïs de M. Diarrassouba Yaha à Nigouni / Tengréla 154
Photo 12 : Enfant atteint de paludisme à Koro /Touba 159
Photo 13 : Utilisation de la charrue sur une parcelle de riz pluvial à Ourossaniso 167
Photo 14 : Utilisation abusive de l'écorce d'un Khaya senegalensis pour Thérapie à
Ourossaniso /Touba 168

LISTE DES TABLEAUX

Tableau 1 : Découpage administratif des régions nord-ouest ivoiriennes 31
Tableau 2 : Caractéristiques des principaux fleuves en Côte d'Ivoire 40
Tableau 3 : Caractéristiques de quelques barrages dans le domaine d'étude 41
Tableau 4 : Données climatiques mensuelles moyennes de la station d'Odienné en 2000 54
Tableau 5 : Estimation de la répartition (%) des activités économiques dans le domaine
d'étude 69
Tableau 6 : Principales productions de rente de la Côte d'Ivoire en 2000. 72
Tableau 7 : Principales productions vivrières de la Côte d'Ivoire en 2000. 72
Tableau 8 : Cheptel national (en milliers de têtes) en Côte d'Ivoire de 1995 à 1999 78
Tableau 9 : Principales productions animales et halieutiques en Côte d'Ivoire en 2000. 78
Tableau 10 : Taux de variation (%) de la pluviométrie de 1951 à 2008 dans le domaine
d'étude 92
Tableau 11 : Indices de Nicholson appliqués à la pluviométrie du domaine d'étude (1951-
2008) 98
Tableau 12 : Classification par ordre décroissant d'importance de la pluviométrie 115
Tableau 13 : Date de rupture par station 117
Tableau 14 : Indices de sécheresse et classification des milieux écologiques du domaine
d'étude 128
Tableau 15 : Matrice de corrélation de Pearson entre les productions agricoles et les données
climatiques (coefficient et probabilité) 151
Tableau 16 : Observations des paysans sur l'évolution des quantités de production agricole
entre 1998 et 2008 153
Tableau 17 : Exemples de Totems dans des familles Malinké 164

TABLE DES MATIERES

SOMMAIRE II

CITATIONS : III

LISTE DES SIGLES ET ABREVIATIONS IV

AVANT-PROPOS VII

REMERCIEMENTS X

INTRODUCTION GENERALE 1

    1- Le contexte de l'étude...2
    2- La problématique de l'étude 4
    3- La justification de l'étude 5
    4- L'analyse conceptuelle 6
    5- Les objectifs et les hypothèses de l'étude 7
        5.1-Les objectifs 7
            5.1.1- L'objectif principal 7
            5.1.2-Les objectifs spécifiques...7
        5.2- Les hypothèses de l'étude...8
    6- La méthodologie de recherche 8
        6.1- L'analyse documentaire 9
            6.1.1- Les lieux fréquentés et les documents exploités 9
            6.1.2- Le bilan des connaissances par rapport à l'étude...9
        6.2- Le cadre théorique de l'étude...12
        6.3- La collecte des données...16
            6.3.1- Les données quantitatives 16
            6.3.2- Les données qualitatives 18
        6.4- Le traitement des données..19
            6.4.1- L'approche quantitative 19
            6.4.2- L'approche qualitative 24
    7- Le plan de l'étude 25

PREMIERE PARTIE : CADRE PHYSIQUE ET ASPECTS SOCIO-ECONOMIQUES DES REGIONS NORD-OUEST DE LA CÔTE D'IVOIRE 27

INTRODUCTION 28

    CHAPITRE I: CADRE PHYSIQUE DU DOMAINE D'ETUDE..33
    I- La géologie, le relief et les sols 33
        I.1- Les ensembles géologiques..33
        I.2- Le relief et le modelé..34
            I.2.1- Le relief 34
                I.2.1.1- Les surfaces accidentées 34
                I.2.1.2- Les surfaces planes et les dépressions 34
            I.2.2- Le modelé..35
        I.3- Les sols et les ressources en eau..38
            I.3.1- Les sols 38
            I.3.2- Les ressources en eau 40
                I.3.2.1- Les eaux de surface...40
                I.3.2.2- Les eaux souterraines 41
    II- Le cadre climatique 43
        II.1- Les migrations de L'Equateur Météorologique en Côte d'Ivoire 44
        II.2- Les formes de pluie dans les régions nord-ouest de la Côte d'Ivoire 49
            II.2.1- Les précipitations orographiques...49
            II.2.2- Les précipitations liées à la Partie Active de l'Equateur Météorologique 50
            II.2.3- Les précipitations liées aux lignes de grains 51
         II.3- Caractéristiques climatiques du domaine d'étude 52
            II.3.1- Le climat sud-soudanien 52
            II.3.2- Le climat nord-soudanien 52
    III- La végétation 55
        III.1- Le secteur savanicole mésophile ou préforestier...55
        III.2- Le secteur savanicole boisé..57
        III.3- Le secteur savanicole arboré 58

CHAPITRE II : ASPECTS HUMAINS DU DOMAINE D'ETUDE 62
    I- Le peuplement *62*
    II- Les aspects démographiques du domaine d'étude *64*
        II.1- Les effectifs de la population et leur évolution 64
        II.2- La structure de la population 65
        II.3- La répartition spatiale de la population 66
CHAPITRE III : ACTIVITES ECONOMIQUES DANS LE DOMAINE D'ETUDE 69
    I- L'agriculture et ses activités annexes *70*
        I.1- L'agriculture 70
        I.2- L'élevage 76
        I.3- La cueillette et l'exploitation du bois 78
        I.4- La chasse 79
        I.5- La Pêche 80
    II- Le secteur minier et industriel *80*
        II.1- Les mines 81
        II.2- L'industrie 81

CONCLUSION **83**

DEUXIEME PARTIE : EVOLUTION CLIMATIQUE DES REGIONS NORD-OUEST DE LA CÔTE D'IVOIRE **84**

INTRODUCTION **85**

CHAPITRE I : ANALYSE DES INDICATEURS DE LA PLUVIOMETRIE 86
    I- Analyse de la répartition mensuelle et spatiale de la pluviométrie *86*
        I.1- Analyse de la répartition mensuelle de la pluviométrie 86
        I.2- Analyse de la répartition spatiale de la pluviométrie 88
            I.2.1- Les milieux fortement arrosés 88
            I.2.2- Les milieux faiblement arrosés 89
    II- Analyse de la variabilité spatio-temporelle de la pluviométrie *90*
        II.1- Analyse de la variabilité interannuelle de la pluviométrie 91
            II.1.1- Analyse temporelle de la variabilité interannuelle de la pluviométrie 91
            II.1.2- Analyse spatiale de la variabilité interannuelle de la pluviométrie 93
        II.2- Analyse de la variabilité interdécennale de la pluviométrie 97
            II.2.1- Analyse temporelle de la variabilité interdécennale de la pluviométrie 97
            II.2.2- Analyse spatiale de la variabilité interdécennale de la pluviométrie 99
CHAPITRE II : ANALYSE DE L'EVOLUTION DE LA PLUVIOMETRIE 104
    I- Evolution de la pluviométrie *104*
        I.1- Evolution interannuelle de la pluviométrie 104
            I.1.1- Evolution interannuelle des totaux pluviométriques 104
            I.1.2- Evolution interannuelle de la pluviométrie à partir des écarts normalisés ... 106
        I.2- Evolution interséquentielle de la pluviométrie 111
            I.2.1- Analyse de l'évolution interséquentielle de la pluviométrie 111
            I.2.2- Classification des années en fonction de l'importance de la pluviométrie ... 114
    II- Analyse de rupture dans la chronique avec le test de Pettitt *115*
CHAPITRE III : ANALYSE DE L'EVOLUTION DE LA TEMPERATURE ET DU BILAN CLIMATIQUE 122
    I- Analyse de l'évolution de la température *122*
        I.1- Evolution interannuelle de la température 122
        I.2- Evolution interdécennale de la température 125
    II- Analyse de l'évolution du bilan climatique à partir de l'Indice de sécheresse *127*
        II.1- Evolution du bilan climatique à partir l'indice de sécheresse (IS) 127
            II.1.1- Evolution temporelle du bilan climatique 127
            II.1.2- Evolution spatiale du bilan climatique 129
                II.1.2.1- Evolution du bilan climatique dans la zone nord-soudanienne 129
                II.1.2.2- Evolution du bilan climatique dans la zone sud-soudanienne 130
        II.2- Evolution du bilan climatique à partir des écarts à la moyenne des indices de sécheresse ... 132
            II.2.1- Evolution temporelle des écarts à la moyenne des indices de sécheresse ... 132
            II.2.2- Evolution spatiale des écarts à la moyenne des indices de sécheresse 133
                II.2.2.1- Evolution de la sécheresse dans la zone nord-soudanienne 133
                II.2.2.2- Evolution de la sécheresse dans la zone sud-soudanienne 136

CONCLUSION **137**

TROISIEME PARTIE : ANALYSE DES IMPACTS ENVIRONNEMENTAUX ET SOCIO-ECONOMIQUES DE L'EVOLUTION CLIMATIQUE **138**

INTRODUCTION **139**

207

CHAPITRE I : ANALYSE DES IMPACTS ENVIRONNEMENTAUX DE L'EVOLUTION CLIMATIQUE 140

I- Impacts de l'évolution climatique sur les ressources hydrologiques et les sols *140*

I.1- Impacts de l'évolution climatique sur les ressources hydrologiques 140

I.1.1- Baisse de la pluviométrie et faiblesse des écoulements des fleuves 140

I.1.2- Tarissement systématique des ressources en eau moins importantes. 141

I.2- Impacts de l'évolution climatique sur les sols. 142

I.2.1- Induration et cuirassement des sols 142

I.2.2- Erosion et lessivage des sols 144

II- Impacts de l'évolution climatique sur la biodiversité et l'atmosphère *144*

II.1- Impacts de l'évolution climatique sur la biodiversité 144

II.1.1- Extinction des espèces et sous-espèces végétales 144

II.1.2- Perte d'habitats naturels chez les animaux. 146

II.2- Impacts de l'évolution climatique sur l'atmosphère. 147

II.2.1- Pollution de l'atmosphère par l'émission de poussières et de fumées toxiques 147

II.2.2- Autres formes de pollution de l'atmosphère. 148

CHAPITRE II : ANALYSE DES IMPACTS SOCIO-ECONOMIQUES DE L'EVOLUTION CLIMATIQUE 150

I- Impacts de l'évolution climatique sur les activités économiques *150*

I.1- Impacts de l'évolution climatique sur l'agriculture. 150

I.1.1- Impacts de l'évolution climatique sur l'agriculture vivrière 151

I.1.2- Impacts de l'évolution climatique sur les cultures agro-industrielles. 154

I.1.2.1- Impacts de l'évolution climatique sur la culture de canne à sucre 155

I.1.2.2- Impacts de l'évolution climatique sur la culture du coton 155

I.2- Impacts de l'évolution climatique sur l'élevage. 156

II- Impacts de l'évolution climatique sur les populations *157*

II.1- Impacts de l'évolution climatique sur la santé des populations 158

II.2- Impacts de l'évolution climatique sur les migrations 160

CHAPITRE III : ANALYSE DES STRATEGIES D'ADAPTATION A L'EVOLUTION CLIMATIQUE 163

I- Stratégies de protection et d'amélioration du cadre environnemental *163*

I.1- Stratégies de protection et d'amélioration de la biodiversité et des eaux de surface. 163

I.1.1- Stratégies endogènes de protection de la biodiversité et des eaux de surface. 164

I.1.2- Stratégies administratives de protection de la biodiversité et des eaux de surface. 165

II- Stratégies d'amélioration des conditions économiques et sociales *165*

II.1- Stratégies d'amélioration des conditions économiques. 166

II.1.1- Stratégies endogènes d'amélioration de la production agricole. 166

II.1.2- Stratégies administratives d'amélioration de la production agricole. 167

II.2- Stratégies d'amélioration des conditions sociales. 168

II.2.1- Stratégies d'amélioration de la santé des populations 168

II.2.2- Stratégies contre les migrations des populations. 169

CONCLUSION **171**

CONCLUSION GENERALE **172**

REFERENCES BIBLIOGRAPHIQUES **176**

ANNEXES **182**

LISTE DES FIGURES **203**

LISTE DES PHOTOS **205**

LISTE DES TABLEAUX **205**

TABLE DES MATIERES **206**

208

Nom et prénoms du Candidat : Béh Ibrahim DIOMANDE

Titre de la thèse : EVOLUTION CLIMATIQUE RECENTE DANS LES REGIONS NORD-OUEST DE LA CÔTE D'IVOIRE ET SES IMPACTS ENVIRONNEMENTAUX ET SOCIO-ECONOMIQUES

Date et lieu de soutenance : 19 mars 2011 à Dakar au Sénégal

Jury : Président : M. Amadou Tahirou DIAW, *Professeur Titulaire*
Membres : M. Yao Télesphore BROU, *Professeur Titulaire*
M. Jean Patrice Roger JOURDA, *Professeur Titulaire*
M. Pascal SAGNA, *Maître de Conférences*
M. Jean-Baptiste N'DONG, *Maître de Conférences*

Résumé : Les régions nord-ouest de la Côte d'Ivoire sont un ensemble géographique de savanes riche de ses composantes physiques, humaines et économiques. Domaine tropical humide, ces régions ont une biodiversité riche et variée et un réseau hydrographique relativement dense. Les sols sont partout favorables à l'activité agricole. Ces régions disposent d'une population en majorité jeune, dynamique et diversifiée. Les activités économiques sont certes variées, mais elles restent dominées par l'agriculture et sont soumises aux exigences du climat local.

Ce vaste espace subit malheureusement l'influence de l'évolution climatique actuelle. De 1951 à 2008, la péjoration du climat local s'est traduite par une baisse tendancielle de la pluviométrie et du bilan climatique et une hausse des températures. Ce phénomène s'accentue sans cesse depuis 1973. Les actions anthropiques le marquent également de leurs empreintes. Cela engendre de réels impacts sur l'environnement physique et socio-économique : dégradation de plus en plus avancée des ressources hydrologiques et des sols, de la biodiversité et de l'atmosphère, etc. Les économies locales se fragilisent davantage. Tout cela se répercute sur les populations qui sont dans un état de vulnérabilité avancée. Elles sont de plus en plus exposées à une paupérisation croissante, à des maladies climatiques et à des migrations.

Face à ces différentes manifestations de l'évolution du climat, des stratégies d'adaptation sont développées par les acteurs en présence. Elles visent dans l'ensemble une bonne gestion des ressources naturelles, un renforcement des capacités productives et l'adoption d'un nouveau mode de vie, de production et de consommation. La sensibilisation est aussi menée sur l'utilisation efficiente des énergies fossiles et le développement des énergies nouvelles et renouvelables (ENR) dans ces régions.

Mots clés : **Régions** *Nord-ouest-Côte d'Ivoire/ Evolution-Climat/ Impacts/ Environnement/ Société/ Economie*

Printed by Books on Demand GmbH, Norderstedt / Germany